东北水稻

地方品种志

张　强　赵亚东　侯立刚／主编

吉林科学技术出版社

图书在版编目（CIP）数据

东北水稻地方品种志 / 张强，赵亚东，侯立刚主编
. -- 长春：吉林科学技术出版社，2024.3
　ISBN　978-7-5744-1059-6

　Ⅰ．①东… Ⅱ．①张… ②赵… ③侯… Ⅲ．①水稻—
品种—东北地区 Ⅳ．①S511.037

中国国家版本馆CIP数据核字(2024)第051301号

东北水稻地方品种志
DONGBEI SHUIDAO DIFANG PINZHONG ZHI

主　　编　张　强　赵亚东　侯立刚
出 版 人　宛　霞
责任编辑　宿迪超
封面设计　长春美印图文设计有限公司
制　　版　长春美印图文设计有限公司
幅面尺寸　185 mm×260 mm
开　　本　16
印　　张　19.75
字　　数　341千字
印　　数　1-600册
版　　次　2024年3月第1版
印　　次　2024年3月第1次印刷

出　　版　吉林科学技术出版社
发　　行　吉林科学技术出版社
地　　址　长春市净月区福祉大路5788号出版大厦A座
邮　　编　130018
发行部电话/传真　0431-81629529　81629530　81629531
　　　　　　　　　81629532　81629533　81629534
储运部电话　0431-86059116
编辑部电话　0431-81629518
印　　刷　长春市华远印务有限公司

书　　号　ISBN 978-7-5744-1059-6
定　　价　128.00元

编辑委员会

主　编：张　强　赵亚东　侯立刚

编　委：（以姓氏笔画为序）

　　　　王　迪　王斯文　朴日花　杨春刚　张　妤　张　强

　　　　金成海　金国光　金京花　孟维韧　赵亚东　侯立刚

审　校：张　强　赵亚东　张　妤

前 言

水稻是地球上最主要的粮食作物之一。稻米是世界上约1/2人口的主食。水稻作为我国第一大粮食作物，约占粮食总产量的40%，水稻生产直接关系到我国的粮食安全保障。东北是优良粳稻的主产地，素有"中国优质稻米看粳稻，粳稻生产看东北"之美誉。

培育高产和优质的水稻新品种是水稻育种的两大目标。在过去的水稻育种中，主要利用"近现代选育品种"来提高水稻产量和保持稳产，这使得水稻新品种间遗传多样性日益狭窄，趋同性问题日益突出。育种学家们逐渐意识到选育种内的遗传资源不能完全满足水稻育种对高产、稳产、优质等标准的需要。水稻育种指导思想从单纯重视产量到注重优质、高产相结合，向提高特殊稻米功能性营养成分的育种思想转变。

现代水稻育种科学实践表明，水稻突破性研究进展依赖于对特异种质资源的发掘及有效利用。水稻农家品种（地方品种）是已经适应了特定的农艺、气候条件的水稻种质，是一个宝贵的资源库，农家品种积累了大量的优良特性（基因），与选育品种亲缘关系最近，且含有许多现代品种不具有或已丢失的高产、优质、病虫害抗性和非生物逆境的耐受性基因，成为水稻品种遗传改良的丰富基因源和不可替代的物质基础。与野生稻资源相比，对其进行利用更简单、方便和有效。

东北水稻历史上的农家品种较多，它们都有适应特定生产条件的独特的农艺性状。通过农家品种志的编写，针对其重要农艺性状进行客观描述，对于为育种学家对其进行有效利用提供科学依据，对于提高水稻产量、抗逆性和食味品质等，对于保障我国粮食安全是非常重要的。

本次共搜集东北可利用的地方品种300份，其中在吉林省能出穗的有290余份，可调查完整性状的有284份。通过三年田间调查，共完成对亚种类型、水旱性、黏糯性、光温反应特性、生育期、播种日期、插秧日期、始穗期、抽穗期、齐穗期、

抽穗天数、茎集散、叶片色、株高、穗长、穗数、穗颈长、穗下第一节间长、剑叶长、剑叶宽、剑叶长宽比、穗粒数、结实率、谷粒长、谷粒宽、谷粒长宽比、谷粒形状、千粒重、穗型、落粒性、芒长、芒色、芒分布、种皮色、产量、叶瘟等36个性状的精准鉴定，为育种学家提供遗传多样性丰富的水稻地方品种资源与数据翔实精准的表型，为现代水稻产业服务。

在种质资源收集、鉴定、入库和本书编撰过程中，得到了科技部、农业部和科技厅项目经费的支持，同时吉林科学技术出版社对书稿做了认真细致的编辑加工，保证了出版质量。在本书出版之际，谨向所有参加本书撰写、整理、审校的专家表示由衷的感谢。该书信息完整、内容丰富、数据及图片翔实，希望本书的出版，能对提高水稻地方品种资源利用效率，拓宽东北水稻品种遗传背景，扩大遗传多样性，推动种质创新，提高水稻育种效率发挥重要作用。

由于时间仓促、水平有限，书中难免有错误之处，敬请读者批评指正。

张　强　赵亚东　侯立刚

2023年12月

编制说明

一、本书编入的部分种质资源是吉林省农业科学院水稻研究所于历史上搜集保存的，部分资源是在国家重点研发计划水稻种质资源精准鉴定项目执行期间征集的。

二、凡编入本书的种质资源数据均来源于吉林省农业科学院水稻研究所试验地，为经过连续多年观察所得的平均值。种质资源名称采用原有名称、原有名称+序号或省区+原有名称的形式。

三、根据种质资源名称的拼音排序。

四、种质资源描述按照物候期、农艺性状、抗稻瘟病等要点分别叙述。

五、本书照片均为彩色照片，可以更生动地展现资源的外观特征，照片由水稻单株、稻穗、籽粒和糙米组成，由数码相机拍摄，在计算机上合成。

六、种质资源农艺性状分级标准参考2006年中国农业出版社出版的《水稻种质资源描述规范和数据标准》，尽可能与其保持连续性和一致性。

七、种质资源抗病性分级标准参照农业部行业标准NY/T2646–2014《水稻品种试验稻瘟病抗性鉴定与评价技术规程》。

目　录

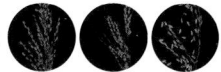

爱国

◆ **种质来源**

辽宁省。

◆ **形态和生物学特性**

该种质属粳亚种黏性水稻，感光性强，感温性强，基本营养生长期长。生育期150天以上，需活动积温≥3200℃。农艺性状表型精准鉴定时间为4月16日播种，5月17日插秧。该种质始穗期为8月19日，抽穗期为8月23日，齐穗期为8月27日，抽穗天数129天；株高108.9cm，穗长19.8cm，平均穗数14.1个，穗颈长7.7cm，穗下第一节间长35.6cm，剑叶长26.3cm，剑叶宽1.2cm，剑叶长宽比为21.9，平均穗粒数92.0个，结实率89.1%，谷粒长5.1mm，谷粒宽2.9mm，谷粒长宽比为1.8，千粒重22.8g；茎集散程度为中间型，叶色为浅绿色，谷粒形状为短圆，穗型为散开型，落粒性极低，芒长长，芒色为褐色，芒分布多，种皮为白色，实测评估产量为324.9千克/亩。

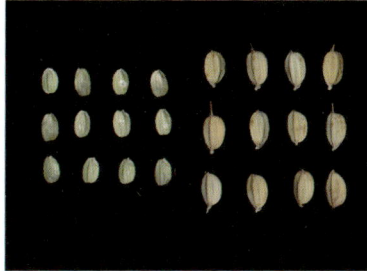

◆ **抗病性**

叶瘟R。

安东糯

◆ **种质来源**

辽宁省。

◆ **形态和生物学特性**

该种质属粳亚种糯性水稻，感光性强，感温性强，基本营养生长期较长。生育期145天左右，需活动积温≥2900℃。农艺性状表型精准鉴定时间为4月16日播种，5月17日插秧。该种质始穗期为8月5日，抽穗期为8月7日，齐穗期为8月10日，抽穗天数113天；株高132.7cm，穗长22.2cm，平均穗数9.9个，穗颈长7.7cm，穗下第一节间长39.7cm，剑叶长33.3cm，剑叶宽1.3cm，剑叶长宽比为25.6，平均穗粒数124.9个，结实率72.8%，谷粒长9.4mm，谷粒宽2.2mm，谷粒长宽比为2.2，千粒重21.5g；茎集散程度为中间型，叶色为绿色，谷粒形状长，穗型为中间型，落粒性极低，芒长较长，芒色为黑色，芒分布多，种皮为白色，实测评估产量为396.6千克/亩。

◆ **抗病性**

叶瘟MS。

八月芒

◆ **种质来源**

山东省。

◆ **形态和生物学特性**

该种质属粳亚种黏性水稻，感光性强，感温性强，基本营养生长期较长。生育期145天左右，需活动积温≥2900℃。农艺性状表型精准鉴定时间为4月16日播种，5月17日插秧。该种质始穗期为8月3日，抽穗期为8月5日，齐穗期为8月7日，抽穗天数111天；株高122.6cm，穗长21.0cm，平均穗数12.3个，穗颈长5.7cm，穗下第一节间长37.8cm，剑叶长27.4cm，剑叶宽1.2cm，剑叶长宽比为22.8，平均穗粒数116.7个，结实率81.2%，谷粒长7.1mm，谷粒宽3.0mm，谷粒长宽比为2.4，千粒重24.7g；茎集散程度为直立型，叶色为绿色，谷粒形状长，穗型为中间型，落粒性中，芒长无，芒色无，芒分布无，种皮为白色，实测评估产量为396.6千克/亩。

◆ **抗病性**

叶瘟R。

白光头

◆ **种质来源**

辽宁省。

◆ **形态和生物学特性**

该种质属粳亚种黏性水稻，感光性较强，感温性较强，基本营养生长期中等偏长。生育期140天左右，需活动积温≥2700℃。农艺性状表型精准鉴定时间为4月16日播种，5月17日插秧。该种质始穗期为7月27日，抽穗期为7月30日，齐穗期为8月4日，抽穗天数105天；株高122.6cm，穗长19.4cm，平均穗数11.9个，穗颈长10.6cm，穗下第一节间长37.4cm，剑叶长22.6cm，剑叶宽1.3cm，剑叶长宽比为17.4，平均穗粒数108.2个，结实率91.3%，谷粒长10.1mm，谷粒宽2.3mm，谷粒长宽比为2.3，千粒重28.1g；茎集散程度为中间型，叶色为绿色，谷粒形状长，穗型为中间型，落粒性极低，芒长中，芒色为黄色，芒分布少，种皮为白色，实测评估产量为372.7千克/亩。

◆ **抗病性**

叶瘟S。

白芒

◆ **种质来源**

天津市。

◆ **形态和生物学特性**

该种质属粳亚种黏性水稻，感光性强，感温性强，基本营养生长期长。生育期150天以上，需活动积温≥3100℃。农艺性状表型精准鉴定时间为4月16日播种，5月17日插秧。该种质始穗期为8月11日，抽穗期为8月13日，齐穗期为8月15日，抽穗天数119天；株高154.8cm，穗长24.4cm，平均穗数16.7个，穗颈长2.0cm，穗下第一节间长37.5cm，剑叶长38.6cm，剑叶宽1.1cm，剑叶长宽比为35.1，平均穗粒数78.1个，结实率74.9%，谷粒长7.8mm，谷粒宽3.0mm，谷粒长宽比为2.7，千粒重25.6g；茎集散程度为中间型，叶色为浅黄色，谷粒形状长，穗型为中间型，落粒性极低，芒长短，芒色为白色，芒分布稀，种皮为白色，实测评估产量为286.7千克/亩。

◆ **抗病性**

叶瘟R。

白芒稻

◆ **种质来源**

新疆维吾尔自治区。

◆ **形态和生物学特性**

该种质属粳亚种黏性水稻，感光性较弱，感温性中等，基本营养生长期中等偏短。生育期130天左右，需活动积温≥2300℃。农艺性状表型精准鉴定时间为4月16日播种，5月17日插秧。该种质始穗期为7月17日，抽穗期为7月19日，齐穗期为7月20日，抽穗天数94天；株高114.4cm，穗长19.8cm，平均穗数9.9个，穗颈长4.9cm，穗下第一节间长33.8cm，剑叶长32.7cm，剑叶宽1.4cm，剑叶长宽比为23.4，平均穗粒数82.4个，结实率83.1%，谷粒长7.9mm，谷粒宽3.2mm，谷粒长宽比为2.5，千粒重24.0g；茎集散程度为中间型，叶色为绿色，谷粒形状长，穗型为中间型，落粒性中，芒长特长，芒色为白色，芒分布多，种皮为白色，实测评估产量为176.8千克/亩。

◆ **抗病性**

叶瘟HS。

白毛粳子

◆ **种质来源**

黑龙江省。

◆ **形态和生物学特性**

该种质属粳亚种黏性水稻，感光性中等，感温性中等偏弱，基本营养生长期长度中等。生育期135天左右，需活动积温≥2500℃。农艺性状表型精准鉴定时间为4月16日播种，5月17日插秧。该种质始穗期为7月26日，抽穗期为7月27日，齐穗期为7月28日，抽穗天数102天；株高129.6cm，穗长17.2cm，平均穗数13.3个，穗颈长8.1cm，穗下第一节间长36.3cm，剑叶长21.2cm，剑叶宽1.4cm，剑叶长宽比为15.1，平均穗粒数116.5个，结实率97.1%，谷粒长6.4mm，谷粒宽3.1mm，谷粒长宽比为2.1，千粒重24.6g；茎集散程度为中间型，叶色为浅黄色，谷粒形状为椭圆，穗型为中间型，落粒性极低，芒长中，芒色为秆黄色，芒分布中，种皮为白色，实测评估产量为406.1千克/亩。

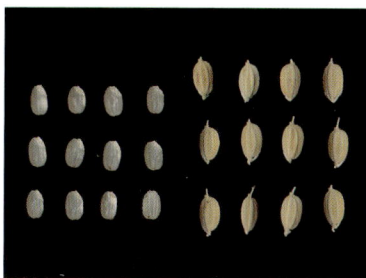

◆ **抗病性**

叶瘟R。

白毛-小田代

◆ **种质来源**

吉林省。

◆ **形态和生物学特性**

该种质属粳亚种黏性水稻，感光性较强，感温性较强，基本营养生长期中等偏长。生育期140天左右，需活动积温≥2700℃。农艺性状表型精准鉴定时间为4月16日播种，5月17日插秧。该种质始穗期为7月28日，抽穗期为7月30日，齐穗期为7月31日，抽穗天数105天；株高124.6cm，穗长19.2cm，平均穗数14.0个，穗颈长8.5cm，穗下第一节间长41.0cm，剑叶长27.9cm，剑叶宽1.4cm，剑叶长宽比为19.9，平均穗粒数141.4个，结实率74.6%，谷粒长8.5mm，谷粒宽2.1mm，谷粒长宽比为2.1，千粒重17.3g；茎集散程度为中间型，叶色为绿色，谷粒形状为椭圆，穗型为中间型，落粒性极低，芒长短，芒色为白色，芒分布少，种皮为白色，实测评估产量为430.0千克/亩。

◆ **抗病性**

叶瘟S。

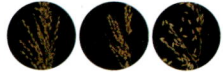

白米稻

◆ **种质来源**

山东省。

◆ **形态和生物学特性**

该种质属粳亚种黏性水稻，感光性强，感温性强，基本营养生长期长。生育期150天以上，需活动积温≥3200℃。农艺性状表型精准鉴定时间为4月16日播种，5月17日插秧。该种质始穗期为8月26日，抽穗期为8月29日，齐穗期为9月1日，抽穗天数135天；株高118.3cm，穗长20.8cm，平均穗数11.9个，穗颈长5.0cm，穗下第一节间长27.4cm，剑叶长38.4cm，剑叶宽1.4cm，剑叶长宽比为28.0，平均穗粒数91.2个，结实率73.9%，谷粒长6.7mm，谷粒宽2.9mm，谷粒长宽比为2.4，千粒重29.6g；茎集散程度为直立型，叶色为绿色，谷粒形状长，穗型为中间型，落粒性中，芒长特长，芒色为褐色，芒分布多，种皮为白色，实测评估产量为133.8千克/亩。

◆ **抗病性**

叶瘟MS。

白皮小稻

◆ **种质来源**

宁夏回族自治区。

◆ **形态和生物学特性**

该种质属粳亚种黏性水稻，感光性较弱，感温性中等，基本营养生长期中等偏短。生育期130天左右，需活动积温≥2300℃。农艺性状表型精准鉴定时间为4月16日播种，5月17日插秧。该种质始穗期为7月16日，抽穗期为7月19日，齐穗期为7月21日，抽穗天数94天；株高108.5cm，穗长20.9cm，平均穗数16.4个，穗颈长4.9cm，穗下第一节间长34.8cm，剑叶长29.2cm，剑叶宽1.4cm，剑叶长宽比为20.9，平均穗粒数85.4个，结实率92.5%，谷粒长8.2mm，谷粒宽3.2mm，谷粒长宽比为2.6，千粒重34.1g；茎集散程度为中间型，叶色为浅黄色，谷粒形状长，穗型为散开型，落粒性高，芒长无，芒色无，芒分布无，种皮为白色，实测评估产量为324.9千克/亩。

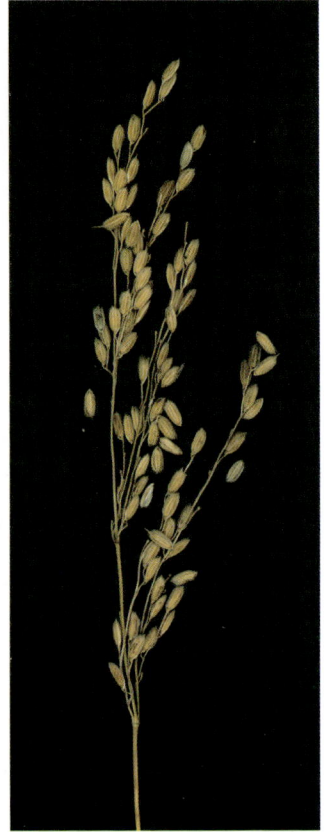

◆ **抗病性**

叶瘟S。

白头山

◆ **种质来源**

　　黑龙江省。

◆ **形态和生物学特性**

　　该种质属粳亚种
黏性水稻，感光性弱，
感温性中等偏强，基本
营养生长期短。生育期
125天左右，需活动积
温≥2100℃。农艺性状
表型精准鉴定时间为4
月16日播种，5月17日
插秧。该种质始穗期
为7月11日，抽穗期为
7月13日，齐穗期为7
月15日，抽穗天数88
天；株高110.4cm，穗长
17.9cm，平均穗数12.0
个，穗颈长9.9cm，穗
下第一节间长39.2cm，
剑叶长25.8cm，剑叶宽

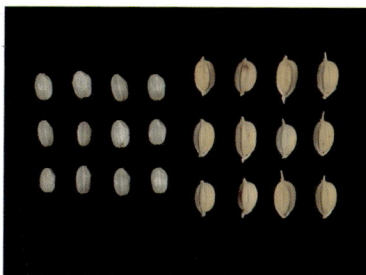

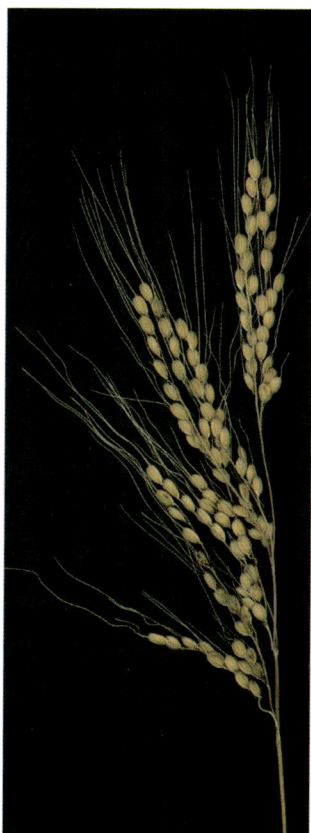

1.4cm，剑叶长宽比为18.4，平均穗粒数74.9个，结实率99.9%，谷粒长6.6mm，谷粒
宽3.4mm，谷粒长宽比为2.0，千粒重34.9g；茎集散程度为中间型，叶色为浅绿色，
谷粒形状为椭圆，穗型为中间型，落粒性极低，芒长特长，芒色为秆黄色，芒分布
多，种皮为白色，实测评估产量为358.3千克/亩。

◆ **抗病性**

　　叶瘟MS。

白香稻

◆ **种质来源**

云南省。

◆ **形态和生物学特性**

该种质属粳亚种黏性水稻，感光性强，感温性强，基本营养生长期长。生育期160天以上，需活动积温≥3900℃。农艺性状表型精准鉴定时间为4月16日播种，5月17日插秧。株高162.1cm，穗长23.9cm，平均穗数10.0个，穗颈长3.0cm，穗下第一节间长35.5cm，剑叶长38.1cm，剑叶宽1.7cm，剑叶长宽比为22.4。茎集散程度为中间型，叶色为浅绿色，实测评估产量为26.3千克/亩，未能在吉林省自然条件下正常成熟。

◆ **抗病性**

叶瘟R。

白黏

◆ **种质来源**

内蒙古自治区。

◆ **形态和生物学特性**

该种质属粳亚种糯性水稻，感光性强，感温性强，基本营养生长期较长。生育期145天左右，需活动积温≥2900℃。农艺性状表型精准鉴定时间为4月16日播种，5月17日插秧。该种质始穗期为8月1日，抽穗期为8月4日，齐穗期为8月6日，抽穗天数110天；株高148.2cm，穗长20.6cm，平均穗数13.8个，穗颈长9.3cm，穗下第一节间长38.5cm，剑叶长31.9cm，剑叶宽1.4cm，剑叶长宽比为22.8，平均穗粒数134.2个，结实率96.8%，谷粒长7.1mm，谷粒宽3.2mm，谷粒长宽比为2.2，千粒重28.5g；茎集散程度为直立型，叶色为绿色，谷粒形状长，穗型为中间型，落粒性中，芒长短，芒色为褐色，芒分布稀，种皮为白色，实测评估产量为305.8千克/亩。

◆ **抗病性**

叶瘟S。

半截稻

◆ **种质来源**

黑龙江省。

◆ **形态和生物学特性**

该种质属粳亚种黏性水稻，感光性弱，感温性中等偏强，基本营养生长期短。生育期125天左右，需活动积温≥2100℃。农艺性状表型精准鉴定时间为4月16日播种，5月17日插秧。该种质始穗期为7月13日，抽穗期为7月15日，齐穗期为7月17日，抽穗天数90天；株高105.9cm，穗长19.0cm，平均穗数13.6个，穗颈长9.0cm，穗下第一节间长38.3cm，剑叶长26.1cm，剑叶宽1.4cm，剑叶长宽比为18.6，平均穗粒数100.3个，结实率90.4%，谷粒长4.9mm，谷粒宽2.3mm，谷粒长宽比为2.1，千粒重24.6g；茎集散程度为中间型，叶色为绿色，谷粒形状为椭圆，穗型为中间型，落粒性极低，芒长中，芒色为褐色，芒分布少，种皮为白色，实测评估产量为358.3千克/亩。

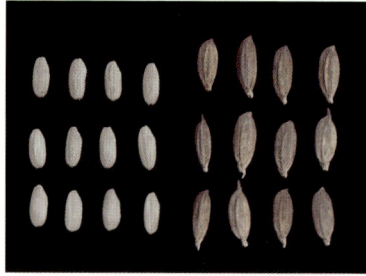

◆ **抗病性**

叶瘟S。

半芒水稻

◆ **种质来源**

山东省。

◆ **形态和生物学特性**

该种质属粳亚种黏性水稻，感光性强，感温性强，基本营养生长期长。生育期150天以上，需活动积温≥3100℃。农艺性状表型精准鉴定时间为4月16日播种，5月17日插秧。该种质始穗期为8月8日，抽穗期为8月10日，齐穗期为8月13日，抽穗天数116天；株高151.9cm，穗长21.6cm，平均穗数11.2个，穗颈长6.1cm，穗下第一节间长38.4cm，剑叶长32.4cm，剑叶宽1.7cm，

剑叶长宽比为19.1，平均穗粒数101.5个，结实率79.1%，谷粒长7.2mm，谷粒宽3.1mm，谷粒长宽比为2.3，千粒重28.7g；茎集散程度为中间型，叶色为浅黄色，谷粒形状长，穗型为中间型，落粒性高，芒长长，芒色为秆黄色，芒分布稀，种皮为红色，实测评估产量为234.1千克/亩。

◆ **抗病性**

叶瘟S。

保家

◆ **种质来源**

辽宁省。

◆ **形态和生物学特性**

该种质属粳亚种黏性水稻，感光性中等，感温性中等偏弱，基本营养生长期长度中等。生育期135天左右，需活动积温≥2500℃。农艺性状表型精准鉴定时间为4月16日播种，5月17日插秧。该种质始穗期为7月25日，抽穗期为7月27日，齐穗期为7月28日，抽穗天数102天；株高122.0cm，穗长19.1cm，平均穗数13.1个，穗颈长12.2cm，穗下第一节间长42.6cm，剑叶长24.9cm，剑叶宽1.4cm，剑叶长宽比为17.8，平均穗粒数130.8个，结实率76.6%，谷粒长8.7mm，谷粒宽1.9mm，谷粒长宽比为1.9，千粒重18.9g；茎集散程度为中间型，叶色为绿色，谷粒形状为椭圆，穗型为中间型，落粒性极低，芒长中，芒色为秆黄色，芒分布稀，种皮为白色，实测评估产量为353.6千克/亩。

◆ **抗病性**

叶瘟S。

北海1号

◆ **种质来源**

黑龙江省。

◆ **形态和生物学特性**

该种质属粳亚种黏性水稻，感光性较弱，感温性中等，基本营养生长期中等偏短。生育期130天左右，需活动积温≥2300℃。农艺性状表型精准鉴定时间为4月16日播种，5月17日插秧。该种质始穗期为7月18日，抽穗期为7月19日，齐穗期为7月21日，抽穗天数94天；株高114.1cm，穗长20.8cm，平均穗数11.1个，穗颈长9.9cm，穗下第一节间长40.8cm，剑叶长32.4cm，剑叶宽1.6cm，剑叶长宽比为20.3，平均穗粒数131.3个，结实率95.1%，谷粒长6.1mm，谷粒宽2.8mm，谷粒长宽比为2.2，千粒重22.8g；茎集散程度为中间型，叶色为浅黄色，谷粒形状长，穗型为中间型，落粒性极低，芒长特长，芒色为褐色，芒分布多，种皮为白色，实测评估产量为444.3千克/亩。

◆ **抗病性**

叶瘟MS。

北园1号

◆ **种质来源**

山东省。

◆ **形态和生物学特性**

该种质属粳亚种黏性水稻，感光性强，感温性强，基本营养生长期较长。生育期145天左右，需活动积温≥2900℃。农艺性状表型精准鉴定时间为4月16日播种，5月17日插秧。该种质始穗期为8月2日，抽穗期为8月4日，齐穗期为8月6日，抽穗天数110天；株高149.4cm，穗长20.3cm，平均穗数10.1个，穗颈长6.9cm，穗下第一节间长37.0cm，剑叶长28.2cm，剑叶宽1.5cm，剑叶长宽比为18.8，平均穗粒数85.3个，结实率100.0%，谷粒长7.3mm，谷粒宽3.1mm，谷粒长宽比为2.4，千粒重31.4g；茎集散程度为直立型，叶色为绿色，谷粒形状长，穗型为中间型，落粒性高，芒长特长，芒色为黄色，芒分布多，种皮为红色，实测评估产量为243.7千克/亩。

◆ **抗病性**

叶瘟MS。

不服劲

◆ **种质来源**

辽宁省。

◆ **形态和生物学特性**

该种质属粳亚种黏性水稻，感光性较强，感温性较强，基本营养生长期中等偏长。生育期140天左右，需活动积温≥2700℃。农艺性状表型精准鉴定时间为4月16日播种，5月17日插秧。该种质始穗期为7月27日，抽穗期为8月1日，齐穗期为8月3日，抽穗天数107天；株高144.7cm，穗长22.9cm，平均穗数12.6个，穗颈长7.1cm，穗下第一节间长37.6cm，剑叶长26.8cm，剑叶宽1.5cm，剑叶长宽比为17.9，平均穗粒数102.6个，结实率52.0%，谷粒长10.0mm，谷粒宽2.4mm，谷粒长宽比为2.4，千粒重27.0g；茎集散程度为直立型，叶色为浅黄色，谷粒形状长，穗型为中间型，落粒性中，芒长中，芒色为秆黄色，芒分布稀，种皮为红色，实测评估产量为348.8千克/亩。

◆ **抗病性**

叶瘟S。

昌黎小红芒

◆ **种质来源**

河北省。

◆ **形态和生物学特性**

该种质属粳亚种黏性水稻，感光性强，感温性强，基本营养生长期较长。生育期145天左右，需活动积温≥2900℃。农艺性状表型精准鉴定时间为4月16日播种，5月17日插秧。该种质始穗期为8月3日，抽穗期为8月6日，齐穗期为8月8日，抽穗天数112天；株高144.6cm，穗长21.5cm，平均穗数11.3个，穗颈长6.7cm，穗下第一节间长38.3cm，剑叶长21.8cm，剑叶宽1.3cm，剑叶长宽比为16.8，平均穗粒数122.2个，结实率74.3%，谷粒长5.2mm，谷粒宽2.2mm，谷粒长宽比为2.4，千粒重17.6g；茎集散程度为中间型，叶色为浅黄色，谷粒形状长，穗型为散开型，落粒性低，芒长特长，芒色为褐色，芒分布多，种皮为白色，实测评估产量为406.1千克/亩。

◆ **抗病性**

叶瘟MS。

承德大黄毛子

◆ **种质来源**

河北省。

◆ **形态和生物学特性**

该种质属粳亚种黏性水稻，感光性较强，感温性较强，基本营养生长期中等偏长。生育期140天左右，需活动积温≥2700℃。农艺性状表型精准鉴定时间为4月16日播种，5月17日插秧。该种质始穗期为7月27日，抽穗期为7月29日，齐穗期为7月31日，抽穗天数104天；株高150.8cm，穗长18.8cm，平均穗数10.9个，穗颈长13.2cm，穗下第一节间长43.4cm，剑叶长20.2cm，剑叶宽1.3cm，剑叶长宽比为15.5，平均穗粒数118.1个，结实率97.0%，谷粒长6.3mm，谷粒宽3.0mm，谷粒长宽比为2.2，千粒重25.3g；茎集散程度为中间型，叶色为绿色，谷粒形状长，穗型为中间型，落粒性极低，芒长长，芒色为秆黄色，芒分布中，种皮为白色，实测评估产量为387.0千克/亩。

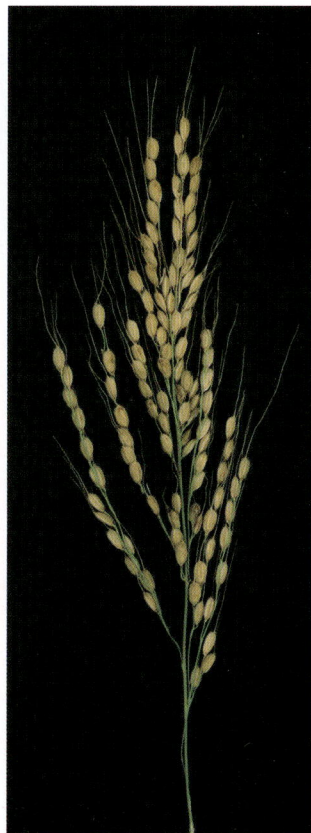

◆ **抗病性**

叶瘟R。

承德黄毛稻子

◆ **种质来源**

河北省。

◆ **形态和生物学特性**

该种质属粳亚种黏性水稻，感光性较强，感温性较强，基本营养生长期中等偏长。生育期140天左右，需活动积温≥2700℃。农艺性状表型精准鉴定时间为4月16日播种，5月17日插秧。该种质始穗期为7月30日，抽穗期为8月1日，齐穗期为8月3日，抽穗天数107天；株高120.1cm，穗长18.6cm，平均穗数12.8个，穗颈长7.4cm，穗下第一节间长37.9cm，剑叶长24.6cm，剑叶宽1.4cm，剑叶长宽比为17.6，平均穗粒数149.8个，结实率90.6%，谷粒长6.2mm，谷粒宽2.8mm，谷粒长宽比为2.2，千粒重20.0g；茎集散程度为中间型，叶色为绿色，谷粒形状长，穗型为散开型，落粒性极低，芒长特长，芒色为褐色，芒分布多，种皮为白色，实测评估产量为277.1千克/亩。

◆ **抗病性**

叶瘟MS。

赤毛

◆ **种质来源**

吉林省。

◆ **形态和生物学特性**

该种质属粳亚种黏性水稻，感光性较弱，感温性中等，基本营养生长期中等偏短。生育期130天左右，需活动积温≥2300℃。农艺性状表型精准鉴定时间为4月16日播种，5月17日插秧。该种质始穗期为7月18日，抽穗期为7月20日，齐穗期为7月22日，抽穗天数95天；株高124.8cm，穗长18.8cm，平均穗数12.8个，穗颈长8.1cm，穗下第一节间长37.0cm，剑叶长22.1cm，剑叶宽1.5cm，剑叶长宽比为14.7，平均穗粒数96.5个，结实率82.5%，谷粒长8.8mm，谷粒宽2.2mm，谷粒长宽比为2.2，千粒重26.0g；茎集散程度为中间型，叶色为绿色，谷粒形状长，穗型为散开型，落粒性极低，芒长特长，芒色为红色，芒分布多，种皮为白色，实测评估产量为520.8千克/亩。

◆ **抗病性**

叶瘟S。

出子2号

◆ **种质来源**

辽宁省。

◆ **形态和生物学特性**

该种质属粳亚种黏性水稻，感光性较强，感温性较强，基本营养生长期中等偏长。生育期140天左右，需活动积温≥2700℃。农艺性状表型精准鉴定时间为4月16日播种，5月17日插秧。该种质始穗期为7月30日，抽穗期为8月1日，齐穗期为8月2日，抽穗天数107天；株高108.6cm，穗长17.4cm，平均穗数15.8个，穗颈长9.0cm，穗下第一节间长37.0cm，剑叶长20.1cm，剑叶宽1.2cm，剑叶长宽比为16.8，平均穗粒数105.7个，结实率76.4%，谷粒长9.6mm，谷粒宽2.3mm，谷粒长宽比为2.3，千粒重21.5g；茎集散程度为中间型，叶色为浅黄色，谷粒形状长，穗型为中间型，落粒性极低，芒长短，芒色为秆黄色，芒分布稀，种皮为白色，实测评估产量为530.3千克/亩。

◆ **抗病性**

叶瘟MS。

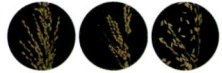

大白谷

◆ **种质来源**

云南省。

◆ **形态和生物学特性**

该种质属粳亚种黏性水稻，感光性弱，感温性中等偏强，基本营养生长期长。生育期165天左右，需活动积温≥3500℃。农艺性状表型精准鉴定时间为4月16日播种，5月17日插秧。该种质始穗期为9月3日，抽穗期为9月8日，齐穗期为9月13日，抽穗天数145天；株高132.1cm，穗长20.1cm，平均穗数11.7个，穗颈长0.1cm，穗下第一节间长31.6cm，剑叶长31.2cm，剑叶宽1.9cm，剑叶长宽比为16.4，平均穗粒数94.6个，结实率43.0%，谷粒长7.8mm，谷粒宽3.0mm，谷粒长宽比为2.6；茎集散程度为中间型，叶色为绿色，谷粒形状长，穗型为中间型，落粒性极低，芒长中，芒色为白色，芒分布稀，种皮为白色。未能在吉林省正常成熟。

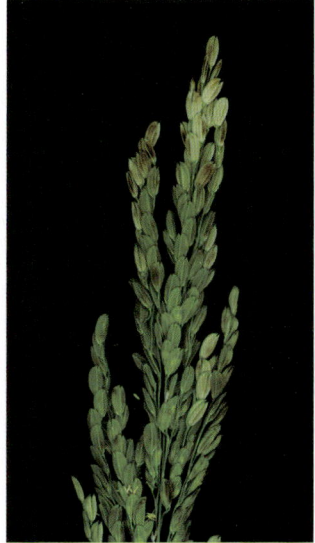

◆ **抗病性**

叶瘟MS。

大白芒

◆ **种质来源**

黑龙江省。

◆ **形态和生物学特性**

该种质属粳亚种黏性水稻，感光性弱，感温性中等偏强，基本营养生长期短。生育期125天左右，需活动积温≥2100℃。农艺性状表型精准鉴定时间为4月16日播种，5月17日插秧。该种质始穗期为7月14日，抽穗期为7月16日，齐穗期为7月17日，抽穗天数91天；株高103.4cm，穗长20.3cm，平均穗数11.1个，穗颈长7.6cm，穗下第一节间长40.4cm，剑叶长30.5cm，剑叶宽1.6cm，

剑叶长宽比为19.1，平均穗粒数145.4个，结实率99.9%，谷粒长6.6mm，谷粒宽3.1mm，谷粒长宽比为2.2，千粒重27.8g；茎集散程度为中间型，叶色为绿色，谷粒形状长，穗型为中间型，落粒性极低，芒长中，芒色为白色，芒分布稀，种皮为白色，实测评估产量为449.1千克/亩。

◆ **抗病性**

叶瘟MS。

大白芒稻

◆ **种质来源**

宁夏回族自治区。

◆ **形态和生物学特性**

该种质属粳亚种黏性水稻，感光性较弱，感温性中等，基本营养生长期中等偏短。生育期130天左右，需活动积温≥2300℃。农艺性状表型精准鉴定时间为4月16日播种，5月17日插秧。该种质始穗期为7月17日，抽穗期为7月19日，齐穗期为7月21日，抽穗天数94天；株高115.0cm，穗长20.5cm，平均穗数15.2个，穗颈长8.7cm，穗下第一节间长40.7cm，剑叶长31.1cm，剑叶宽1.3cm，剑叶长宽比为23.9，平均穗粒数92.3个，结实率91.3%，谷粒长7.7mm，谷粒宽3.0mm，谷粒长宽比为2.6，千粒重29.5g；茎集散程度为中间型，叶色为绿色，谷粒形状长，穗型为散开型，落粒性高，芒长无，芒色无，芒分布无，种皮为白色，实测评估产量为315.3千克/亩。

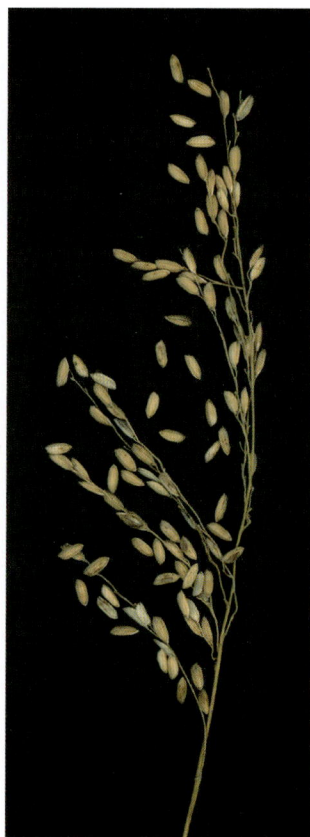

◆ **抗病性**

叶瘟S。

大场糯

◆ **种质来源**

辽宁省。

◆ **形态和生物学特性**

该种质属粳亚种糯性水稻，感光性强，感温性强，基本营养生长期长。生育期150天以上，需活动积温≥3100℃。农艺性状表型精准鉴定时间为4月16日播种，5月17日插秧。该种质始穗期为8月8日，抽穗期为8月10日，齐穗期为8月12日，抽穗天数116天；株高118.9cm，穗长18.2cm，平均穗数16.7个，穗颈长8.9cm，穗下第一节间长35.7cm，剑叶长25.2cm，剑叶宽1.1cm，剑叶长宽比为22.9，平均穗粒数103.6个，结实率48.0%，谷粒长8.4mm，谷粒宽2.1mm，谷粒长宽比为2.1，千粒重13.3g；茎集散程度为中间型，叶色为绿色，谷粒形状为椭圆，穗型为中间型，落粒性极低，芒长长，芒色为褐色，芒分布中，种皮为白色，实测评估产量为353.6千克/亩。

◆ **抗病性**

叶瘟R。

大黑

◆ **种质来源**

吉林省。

◆ **形态和生物学特性**

该种质属粳亚种黏性水稻，感光性较弱，感温性中等，基本营养生长期中等偏短。生育期130天左右，需活动积温≥2300℃。农艺性状表型精准鉴定时间为4月16日播种，5月17日插秧。该种质始穗期为7月18日，抽穗期为7月20日，齐穗期为7月21日，抽穗天数95天；株高103.1cm，穗长16.4cm，平均穗数15.3个，穗颈长8.7cm，穗下第一节间长36.2cm，剑叶长22.0cm，剑叶宽1.3cm，剑叶长宽比为16.9，平均穗粒数74.4个，结实率92.1%，谷粒长8.8mm，谷粒宽2.0mm，谷粒长宽比为2.0，千粒重30.1g；茎集散程度为中间型，叶色为绿色，谷粒形状为椭圆，穗型为中间型，落粒性极低，芒长无，芒色无，芒分布无，种皮为白色，实测评估产量为449.1千克/亩。

◆ **抗病性**

叶瘟MS。

大红芒

◆ **种质来源**

天津市。

◆ **形态和生物学特性**

该种质属粳亚种黏性水稻，感光性强，感温性强，基本营养生长期长度较长。生育期145天左右，需活动积温≥2900℃。农艺性状表型精准鉴定时间为4月16日播种，5月17日插秧。该种质始穗期为8月2日，抽穗期为8月3日，齐穗期为8月4日，抽穗天数109天；株高122.4cm，穗长18.7cm，平均穗数18.8个，穗颈长7.1cm，穗下第一节间长34.2cm，剑叶长29.4cm，剑叶宽1.2cm，剑叶长宽比为24.5，平均穗粒数80.3个，结实率87.7%，谷粒长6.8mm，谷粒宽3.1mm，谷粒长宽比为2.2，千粒重28.3g；茎集散程度为中间型，叶色为浅黄色，谷粒形状长，穗型为中间型，落粒性极低，芒长特长，芒色为褐色，芒分布多，种皮为白色，实测评估产量为320.1千克/亩。

◆ **抗病性**

叶瘟S。

大红毛-改良北海稻

◆ **种质来源**

吉林省。

◆ **形态和生物学特性**

该种质属粳亚种黏性水稻，感光性中等，感温性中等偏弱，基本营养生长期中等。生育期135天左右，需活动积温≥2500℃。农艺性状表型精准鉴定时间为4月16日播种，5月17日插秧。该种质始穗期为7月23日，抽穗期为7月24日，齐穗期为7月25日，抽穗天数99天；株高123.3cm，穗长20.1cm，平均穗数13.3个，穗颈长9.3cm，穗下第一节间长38.8cm，剑叶长27.1cm，剑叶宽1.4cm，剑叶长宽比为19.4，平均穗粒数92.9个，结实率80.0%，谷粒长9.0mm，谷粒宽2.2mm，谷粒长宽比为2.2，千粒重25.5g；茎集散程度为中间型，叶色为绿色，谷粒形状长，穗型为中间型，落粒性中，芒长特长，芒色为褐色，芒分布多，种皮为白色，实测评估产量为353.6千克/亩。

◆ **抗病性**

叶瘟S。

大琥板稻

◆ **种质来源**

宁夏回族自治区。

◆ **形态和生物学特性**

该种质属粳亚种黏性水稻，感光性较弱，感温性中等，基本营养生长期中等偏短。生育期130天左右，需活动积温≥2300℃。农艺性状表型精准鉴定时间为4月16日播种，5月17日插秧。该种质始穗期为7月18日，抽穗期为7月20日，齐穗期为7月22日，抽穗天数95天；株高111.0cm，穗长16.2cm，平均穗数10.3个，穗颈长8.3cm，穗下第一节间长35.8cm，剑叶长27.7cm，剑叶宽1.5cm，剑叶长宽比为18.5，平均穗粒数165.0个，结实率94.8%，谷粒长5.8mm，谷粒宽3.0mm，谷粒长宽比为2.0，千粒重25.6g；茎集散程度为中间型，叶色为绿色，谷粒形状为椭圆，穗型为中间型，落粒性极低，芒长长，芒色为褐色，芒分布中，种皮为白色，实测评估产量为468.2千克/亩。

◆ **抗病性**

叶瘟R。

大金线

◆ **种质来源**

吉林省。

◆ **形态和生物学特性**

该种质属粳亚种黏性水稻，感光性较强，感温性较强，基本营养生长期中等偏长。生育期140天左右，需活动积温≥2700℃。农艺性状表型精准鉴定时间为4月16日播种，5月17日插秧。该种质始穗期为7月30日，抽穗期为8月1日，齐穗期为8月2日，抽穗天数107天；株高106.0cm，穗长16.3cm，平均穗数14.1个，穗颈长10.5cm，穗下第一节间长37.2cm，剑叶长21.9cm，剑叶宽

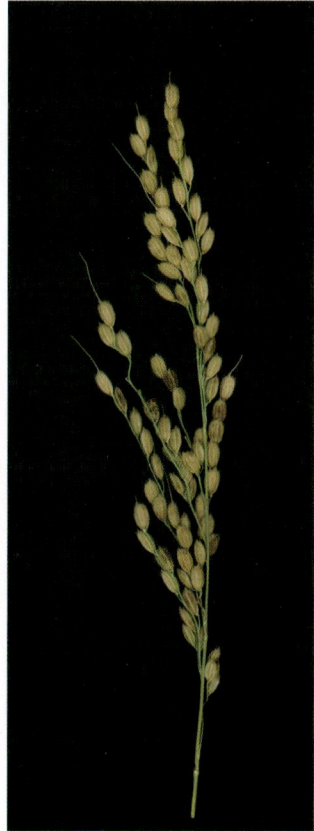

1.3cm，剑叶长宽比为16.8，平均穗粒数94.3个，结实率85.4%，谷粒长9.1mm，谷粒宽2.0mm，谷粒长宽比为2.0，千粒重25.5g；茎集散程度为中间型，叶色为绿色，谷粒形状为椭圆，穗型为中间型，落粒性极低，芒长中，芒色为秆黄色，芒分布稀，种皮为白色，实测评估产量为511.2千克/亩。

◆ **抗病性**

叶瘟S。

大粒黏

◆ **种质来源**

黑龙江省。

◆ **形态和生物学特性**

该种质属粳亚种糯性水稻，感光性中等，感温性中等偏弱，基本营养生长期长度中等。生育期135天左右，需活动积温≥2500℃。农艺性状表型精准鉴定时间为4月16日播种，5月17日插秧。该种质始穗期为7月23日，抽穗期为7月26日，齐穗期为7月27日，抽穗天数101天；株高119.1cm，穗长16.8cm，平均穗数13.5个，穗颈长6.9cm，穗下第一节间长34.7cm，剑叶长22.2cm，剑叶宽1.5cm，剑叶长宽比为14.8，平均穗粒数116.0个，结实率87.7%，谷粒长7.0mm，谷粒宽3.3mm，谷粒长宽比为2.2，千粒重30.6g；茎集散程度为直立型，叶色为绿色，谷粒形状长，穗型为中间型，落粒性极低，芒长长，芒色为褐色，芒分布多，种皮为白色，实测评估产量为511.2千克/亩。

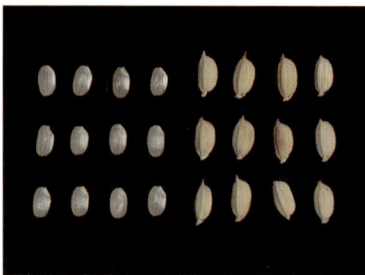

◆ **抗病性**

叶瘟MR。

大毛稻

◆ **种质来源**

内蒙古自治区。

◆ **形态和生物学特性**

该种质属粳亚种黏性水稻，感光性强，感温性强，基本营养生长期较长。生育期145天左右，需活动积温≥2900℃。农艺性状表型精准鉴定时间为4月16日播种，5月17日插秧。该种质始穗期为8月3日，抽穗期为8月5日，齐穗期为8月6日，抽穗天数111天；株高129.7cm，穗长18.8cm，平均穗数13.8个，穗颈长5.2cm，穗下第一节间长32.0cm，剑叶长27.4cm，剑叶宽1.1cm，剑叶长宽比为24.9，平均穗粒数79.7个，结实率99.4%，谷粒长6.2mm，谷粒宽2.9mm，谷粒长宽比为2.2，千粒重21.4g；茎集散程度为直立型，叶色为浅黄色，谷粒形状长，穗型为中间型，落粒性高，芒长中，芒色为黄色，芒分布少，种皮为白色，实测评估产量为215.0千克/亩。

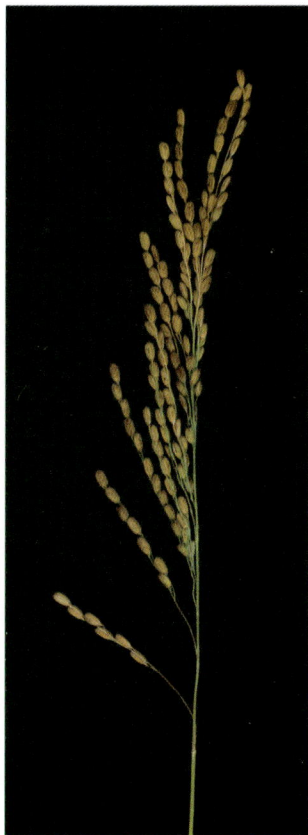

◆ **抗病性**

叶瘟HS。

大洒52

◆ **种质来源**

辽宁省。

◆ **形态和生物学特性**

该种质属粳亚种黏性水稻，感光性强，感温性强，基本营养生长期长。生育期150天以上，需活动积温≥3100℃。农艺性状表型精准鉴定时间为4月16日播种，5月17日插秧。该种质始穗期为8月6日，抽穗期为8月11日，齐穗期为8月14日，抽穗天数117天；株高120.7cm，穗长17.4cm，平均穗数17.8个，穗颈长10.3cm，穗下第一节间长35.5cm，剑叶长27.0cm，剑叶宽1.1cm，剑叶长宽比为24.5，平均穗粒数77.8个，结实率78.8%，谷粒长9.1mm，谷粒宽2.1mm，谷粒长宽比为2.1，千粒重21.3g；茎集散程度为中间型，叶色为绿色，谷粒形状为椭圆，穗型为中间型，落粒性极低，芒长特长，芒色为秆黄色，芒分布多，种皮为白色，实测评估产量为439.6千克/亩。

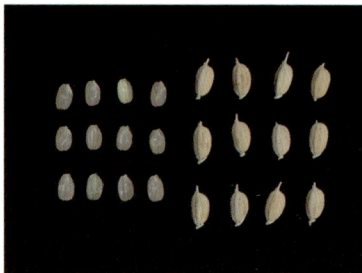

◆ **抗病性**

叶瘟R。

大生产

◆ **种质来源**

黑龙江省。

◆ **形态和生物学特性**

该种质属粳亚种黏性水稻，感光性弱，感温性中等偏强，基本营养生长期短。生育期125天左右，需活动积温≥2100℃。农艺性状表型精准鉴定时间为4月16日播种，5月17日插秧。该种质始穗期为7月14日，抽穗期为7月16日，齐穗期为7月18日，抽穗天数91天；株高102.7cm，穗长19.2cm，平均穗数10.6个，穗颈长9.4cm，穗下第一节间长39.3cm，剑叶长28.3cm，剑叶宽1.5cm，剑叶长宽比为18.9，平均穗粒数140.1个，结实率97.4%，谷粒长6.5mm，谷粒宽3.1mm，谷粒长宽比为2.2，千粒重26.4g；茎集散程度为中间型，叶色为绿色，谷粒形状长，穗型为中间型，落粒性极低，芒长短，芒色为黄色，芒分布中，种皮为白色，实测评估产量为430.0千克/亩。

◆ **抗病性**

叶瘟MS。

大穗糯

◆ **种质来源**

吉林省。

◆ **形态和生物学特性**

该种质属粳亚种糯
性水稻，感光性中等，
感温性中等偏弱，基本
营养生长期长度中等。
生育期135天左右，需
活动积温≥2500℃。农
艺性状表型精准鉴定时
间为4月16日播种，5月
17日插秧。该种质始穗
期为7月26日，抽穗期
为7月28日，齐穗期为7
月29日，抽穗天数103
天；株高121.3cm，穗长
18.7cm，平均穗数11.5
个，穗颈长10.6cm，穗
下第一节间长39.8cm，
剑叶长25.7cm，剑叶宽
1.6cm，剑叶长宽比为16.1，平均穗粒数134.3个，结实率85.0%，谷粒长6.1mm，谷
粒宽3.1mm，谷粒长宽比为2.0，千粒重25.4g；茎集散程度为中间型，叶色为绿色，
谷粒形状为椭圆，穗型为散开型，落粒性极低，芒长中，芒色为黑色，芒分布中，
种皮为白色，实测评估产量为358.3千克/亩。

◆ **抗病性**

叶瘟MR。

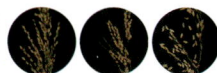

大兴亚

◆ **种质来源**

辽宁省。

◆ **形态和生物学特性**

该种质属粳亚种黏性水稻，感光性强，感温性强，基本营养生长期长。生育期150天以上，需活动积温≥3100℃。农艺性状表型精准鉴定时间为4月16日播种，5月17日插秧。该种质始穗期为8月5日，抽穗期为8月8日，齐穗期为8月9日，抽穗天数114天；株高155.4cm，穗长21.4cm，平均穗数10.8个，穗颈长5.1cm，穗下第一节间长35.5cm，剑叶长35.0cm，剑叶宽1.5cm，剑叶长宽比为23.3，平均穗粒数83.3个，结实率98.5%，谷粒长7.3mm，谷粒宽3.2mm，谷粒长宽比为2.3，千粒重26.9g；茎集散程度为直立型，叶色为浅黄色，谷粒形状长，穗型为中间型，落粒性极低，芒长特长，芒色为黄色，芒分布多，种皮为红色，实测评估产量为272.3千克/亩。

◆ **抗病性**

叶瘟S。

丹东陆稻

◆ **种质来源**

辽宁省。

◆ **形态和生物学特性**

该种质属粳亚种黏性旱稻，感光性较强，感温性较强，基本营养生长期中等偏长。生育期140天左右，需活动积温≥2700℃。农艺性状表型精准鉴定时间为4月16日播种，5月17日插秧。该种质始穗期为7月26日，抽穗期为7月30日，齐穗期为8月2日，抽穗天数105天；株高132.5cm，穗长23.5cm，平均穗数13.0个，穗颈长6.3cm，穗下第一节间长36.2cm，剑叶长28.3cm，剑叶宽1.4cm，剑叶长宽比为20.2，平均穗粒数87.6个，结实率72.3%，谷粒长9.7mm，谷粒宽2.5mm，谷粒长宽比为2.5，千粒重24.9g；茎集散程度为中间型，叶色为绿色，谷粒形状长，穗型为中间型，落粒性极低，芒长短，芒色无，芒分布无，种皮为红色，实测评估产量为363.1千克/亩。

◆ **抗病性**

叶瘟S。

担架稻

◆ **种质来源**

　　吉林省。

◆ **形态和生物学特性**

　　该种质属粳亚种黏性水稻，感光性较强，感温性较强，基本营养生长期中等偏长。生育期140天左右，需活动积温≥2700℃。农艺性状表型精准鉴定时间为4月16日播种，5月17日插秧。该种质始穗期为7月30日，抽穗期为8月1日，齐穗期为8月2日，抽穗天数107天；株高112.0cm，穗长17.6cm，平均穗数14.6个，穗颈长11.7cm，穗下第一节间长38.3cm，剑叶长23.3cm，剑叶宽1.4cm，剑叶长宽比为16.6，平均穗粒数109.7个，结实率89.2%，谷粒长6.9mm，谷粒宽3.4mm，谷粒长宽比为2.1，千粒重27.6g；茎集散程度为中间型，叶色为绿色，谷粒形状为椭圆，穗型为中间型，落粒性极低，芒长无，芒色无，芒分布无，种皮为白色，实测评估产量为535.1千克/亩。

◆ **抗病性**

　　叶瘟MS。

当地北海稻

◆ **种质来源**

吉林省。

◆ **形态和生物学特性**

该种质属粳亚种黏性水稻，感光性较弱，感温性中等，基本营养生长期中等偏短。生育期130天左右，需活动积温≥2300℃。农艺性状表型精准鉴定时间为4月16日播种，5月17日插秧。该种质始穗期为7月19日，抽穗期为7月20日，齐穗期为7月22日，抽穗天数95天；株高124.8cm，穗长19.3cm，平均穗数13.6个，穗颈长8.4cm，穗下第一节间长35.9cm，剑叶长28.1cm，剑叶宽1.3cm，剑叶长宽比为21.6，平均穗粒数87.6个，结实率80.4%，谷粒长10.2mm，谷粒宽2.6mm，谷粒长宽比为2.6，千粒重22.6g；茎集散程度为中间型，叶色为浅黄色，谷粒形状长，穗型为中间型，落粒性极低，芒长长，芒色为黄色，芒分布多，种皮为白色，实测评估产量为353.6千克/亩。

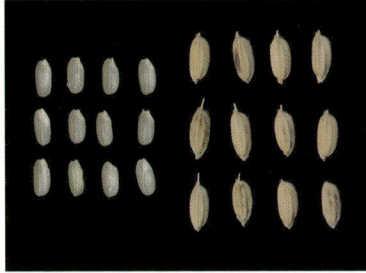

◆ **抗病性**

叶瘟S。

点板谷

◆ **种质来源**

云南省。

◆ **形态和生物学特性**

该种质属粳亚种黏性水稻，感光性强，感温性强，基本营养生长期较长。生育期145天左右，需活动积温≥2900℃。农艺性状表型精准鉴定时间为4月16日播种，5月17日插秧。该种质始穗期为8月3日，抽穗期为8月5日，齐穗期为8月7日，抽穗天数111天；株高137.1cm，穗长21.1cm，平均穗数12.8个，穗颈长12.6cm，穗下第一节间长42.9cm，剑叶长32.6cm，剑叶宽1.4cm，

剑叶长宽比为23.3，平均穗粒数191.9个，结实率69.8%，谷粒长7.0mm，谷粒宽2.5mm，谷粒长宽比为2.9，千粒重21.1g；茎集散程度为直立型，叶色为绿色，谷粒形状长，穗型为中间型，落粒性极低，芒长无，芒色无，芒分布无，种皮为白色，实测评估产量为420.4千克/亩。

◆ **抗病性**

叶瘟R。

佃户屯乡11号

◆ **种质来源**

山东省。

◆ **形态和生物学特性**

该种质属粳亚种黏性水稻，感光性强，感温性强，基本营养生长期长。生育期150天以上，需活动积温≥3200℃。农艺性状表型精准鉴定时间为4月16日播种，5月17日插秧。该种质始穗期为8月27日，抽穗期为8月30日，齐穗期为9月2日，抽穗天数136天；株高112.5cm，穗长19.8cm，平均穗数10.3个，穗颈长5.15cm，穗下第一节间长28.8cm，剑叶长26.4cm，剑叶宽1.2cm，剑叶长宽比为22.0，平均穗粒数107.9个，结实率67.2%，谷粒长6.9mm，谷粒宽2.9mm，谷粒长宽比为2.4，千粒重20.3g；茎集散程度为直立型，叶色为绿色，谷粒形状长，穗型为中间型，落粒性低，芒长特长，芒色为褐色，芒分布多，种皮为白色，实测评估产量为136.2千克/亩。

◆ **抗病性**

叶瘟S。

东道

◆ **种质来源**

辽宁省。

◆ **形态和生物学特性**

该种质属粳亚种黏性水稻，感光性强，感温性强，基本营养生长期长。生育期150天以上，需活动积温≥3100℃。农艺性状表型精准鉴定时间为4月16日播种，5月17日插秧。该种质始穗期为8月6日，抽穗期为8月9日，齐穗期为8月11日，抽穗天数115天；株高121.2cm，穗长18.9cm，平均穗数12.0个，穗颈长6.7cm，穗下第一节间长27.3cm，剑叶长16.7cm，剑叶宽1.5cm，剑叶长宽比为11.1，平均穗粒数112.1个，结实率49.2%，谷粒长9.2mm，谷粒宽2.2mm，谷粒长宽比为2.2，千粒重16.2g；茎集散程度为中间型，叶色为绿色，谷粒形状长，穗型为中间型，落粒性极低，芒长中，芒色为黄色，芒分布少，种皮为白色，实测评估产量为449.1千克/亩。

◆ **抗病性**

叶瘟R。

饵块谷

◆ **种质来源**

云南省。

◆ **形态和生物学特性**

该种质属粳亚种黏性水稻，感光性较强，感温性较强，基本营养生长期中等偏长。生育期140天左右，需活动积温≥2700℃。农艺性状表型精准鉴定时间为4月16日播种，5月17日插秧。该种质始穗期为8月31日，抽穗期为8月2日，齐穗期为8月4日，抽穗天数108天；株高164.1cm，穗长24.8cm，平均穗数15.3个，穗颈长6.7cm，穗下第一节间长40.2cm，剑叶长36.4cm，剑叶宽1.5cm，剑叶长宽比为24.3，平均穗粒数134.6个，结实率89.4%，谷粒长6.9mm，谷粒宽2.9mm，谷粒长宽比为2.3，千粒重24.3g；茎集散程度为直立型，叶色为浅黄色，谷粒形状长，穗型为中间型，落粒性低，芒长无，芒色无，芒分布无，种皮为白色，实测评估产量为110.3千克/亩。

◆ **抗病性**

叶瘟R。

二白毛

◆ **种质来源**

黑龙江省。

◆ **形态和生物学特性**

该种质属粳亚种黏性水稻，感光性弱，感温性中等偏强，基本营养生长期短。生育期125天左右，需活动积温≥2100℃。农艺性状表型精准鉴定时间为4月16日播种，5月17日插秧。该种质始穗期为7月13日，抽穗期为7月15日，齐穗期为7月16日，抽穗天数90天；株高115.7cm，穗长18.2cm，平均穗数16.0个，穗颈长7.2cm，穗下第一节间长36.1cm，剑叶长24.8cm，剑叶宽1.1cm，剑叶长宽比为22.5，平均穗粒数91.2个，结实率99.8%，谷粒长6.2mm，谷粒宽3.2mm，谷粒长宽比为2.0，千粒重30.0g；茎集散程度为中间型，叶色为浅绿色，谷粒形状为椭圆，穗型为中间型，落粒性极低，芒长无，芒色无，芒分布无，种皮为白色，实测评估产量为473.0千克/亩。

◆ **抗病性**

叶瘟S。

二节稻

◆ **种质来源**

吉林省。

◆ **形态和生物学特性**

该种质属粳亚种黏性水稻，感光性中等，感温性中等偏弱，基本营养生长期长度中等。生育期135天左右，需活动积温≥2500℃。农艺性状表型精准鉴定时间为4月16日播种，5月17日插秧。该种质始穗期为7月23日，抽穗期为7月25日，齐穗期为7月26日，抽穗天数100天；株高107.3cm，穗长18.1cm，平均穗数12.4个，穗颈长7.8cm，穗下第一节间长34.5cm，剑叶长24.8cm，剑叶宽1.4cm，剑叶长宽比为17.7，平均穗粒数143.3个，结实率78.9%，谷粒长8.8mm，谷粒宽2.1mm，谷粒长宽比为2.1，千粒重20.7g；茎集散程度为中间型，叶色为绿色，谷粒形状为椭圆，穗型为中间型，落粒性极低，芒长无，芒色无，芒分布无，种皮为白色，实测评估产量为410.9千克/亩。

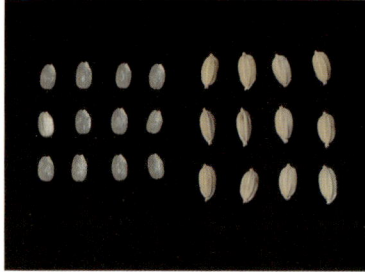

◆ **抗病性**

叶瘟S。

范龙稻

◆ **种质来源**

黑龙江省。

◆ **形态和生物学特性**

该种质属粳亚种黏性水稻，感光性弱，感温性中等偏强，基本营养生长期短。生育期125天左右，需活动积温≥2100℃。农艺性状表型精准鉴定时间为4月16日播种，5月17日插秧。该种质始穗期为7月16日，抽穗期为7月18日，齐穗期为7月19日，抽穗天数93天；株高108.7cm，穗长18.3cm，平均穗数15.9个，穗颈长6.7cm，穗下第一节间长33.55cm，剑叶长26.4cm，剑叶宽1.42cm，剑叶长宽比为18.6，平均穗粒数70.2个，结实率94.6%，谷粒长6.6mm，谷粒宽3.0mm，谷粒长宽比为2.2，千粒重24.8g；茎集散程度为直立型，叶色为绿色，谷粒形状为椭圆，穗型为中间型，落粒性中，芒长特长，芒色为黄色，芒分布多，种皮为白色，实测评估产量为234.1千克/亩。

◆ **抗病性**

叶瘟MR。

坊主

◆ **种质来源**

吉林省。

◆ **形态和生物学特性**

该种质属粳亚种黏性水稻，感光性弱，感温性中等偏强，基本营养生长期短。生育期125天左右，需活动积温≥2100℃。农艺性状表型精准鉴定时间为4月16日播种，5月17日插秧。该种质始穗期为7月10日，抽穗期为7月13日，齐穗期为7月15日，抽穗天数88天；株高94.7cm，穗长17.2cm，平均穗数14.5个，穗颈长11.6cm，穗下第一节间长37.7cm，剑叶长20.5cm，剑叶宽1.3cm，剑叶长宽比为15.8，平均穗粒数89.9个，结实率96.4%，谷粒长6.0mm，谷粒宽2.9mm，谷粒长宽比为2.1，千粒重27.8g；茎集散程度为中间型，叶色为绿色，谷粒形状为椭圆，穗型为中间型，落粒性极低，芒长无，芒色无，芒分布无，种皮为白色，实测评估产量为382.2千克/亩。

◆ **抗病性**

叶瘟R。

丰隆

◆ **种质来源**

吉林省。

◆ **形态和生物学特性**

该种质属粳亚种糯性水稻，感光性较强，感温性较强，基本营养生长期中等偏长。生育期140天左右，需活动积温≥2700℃。农艺性状表型精准鉴定时间为4月16日播种，5月17日插秧。该种质始穗期为7月29日，抽穗期为7月31日，齐穗期为8月2日，抽穗天数106天；株高125.8cm，穗长20.5cm，平均穗数13.0个，穗颈长6.5cm，穗下第一节间长36.4cm，剑叶长23.8cm，剑叶宽1.5cm，剑叶长宽比为15.9，平均穗粒数106.4个，结实率89.9%，谷粒长6.6mm，谷粒宽3.4mm，谷粒长宽比为2.0，千粒重24.3g；茎集散程度为中间型，叶色为绿色，谷粒形状为椭圆，穗型为中间型，落粒性极低，芒长短，芒色为褐色，芒分布稀，种皮为白色，实测评估产量为291.4千克/亩。

◆ **抗病性**

叶瘟R。

丰宁无名

◆ **种质来源**

河北省。

◆ **形态和生物学特性**

该种质属粳亚种黏性水稻，感光性中等，感温性中等偏弱，基本营养生长期长度中等。生育期135天左右，需活动积温≥2500℃。农艺性状表型精准鉴定时间为4月16日播种，5月17日插秧。该种质始穗期为7月23日，抽穗期为7月25日，齐穗期为7月27日，抽穗天数100天；株高135.3cm，穗长18.1cm，平均穗数13.1个，穗颈长9.6cm，穗下第一节间长38.8cm，剑叶长21.4cm，剑叶宽1.2cm，剑叶长宽比为17.8，平均穗粒数93.6个，结实率89.1%，谷粒长6.8mm，谷粒宽3.1mm，谷粒长宽比为2.3，千粒重30.1g；茎集散程度为中间型，叶色为绿色，谷粒形状长，穗型为散开型，落粒性极低，芒长无，芒色无，芒分布无，种皮为白色，实测评估产量为444.3千克/亩。

◆ **抗病性**

叶瘟R。

丰宁小稻子-洋稻子

◆ **种质来源**

河北省。

◆ **形态和生物学特性**

该种质属粳亚种黏性水稻，感光性较弱，感温性中等，基本营养生长期中等偏短。生育期130天左右，需活动积温≥2300℃。农艺性状表型精准鉴定时间为4月16日播种，5月17日插秧。该种质始穗期为7月20日，抽穗期为7月22日，齐穗期为7月23日，抽穗天数97天；株高106.0cm，穗长18.8cm，平均穗数11.8个，穗颈长6.0cm，穗下第一节间长34.4cm，剑叶长27.9cm，剑叶宽1.5cm，剑叶长宽比为18.6，平均穗粒数126.3个，结实率88.3%，谷粒长6.7mm，谷粒宽3.1mm，谷粒长宽比为2.2，千粒重26.8g；茎集散程度为中间型，叶色为绿色，谷粒形状长，穗型为中间型，落粒性极低，芒长无，芒色无，芒分布无，种皮为白色，实测评估产量为458.7千克/亩。

◆ **抗病性**

叶瘟R。

富国

◆ **种质来源**

黑龙江省。

◆ **形态和生物学特性**

该种质属粳亚种黏性水稻，感光性弱，感温性中等偏强，基本营养生长期短。生育期125天左右，需活动积温≥2100℃。农艺性状表型精准鉴定时间为4月16日播种，5月17日插秧。该种质始穗期为7月14日，抽穗期为7月16日，齐穗期为7月18日，抽穗天数91天；株高95.8cm，穗长19.4cm，平均穗数11.3个，穗颈长5.4cm，穗下第一节间长34.9cm，剑叶长27.6cm，剑叶宽

1.4cm，剑叶长宽比为19.7，平均穗粒数96.2个，结实率90.6%，谷粒长6.9mm，谷粒宽3.2mm，谷粒长宽比为2.2，千粒重29.7g；茎集散程度为中间型，叶色为绿色，谷粒形状长，穗型为中间型，落粒性极低，芒长中，芒色为黄色，芒分布稀，种皮为白色，实测评估产量为372.7千克/亩。

◆ **抗病性**

叶瘟S。

改良国主

◆ **种质来源**

黑龙江省。

◆ **形态和生物学特性**

该种质属粳亚种黏性水稻,感光性弱,感温性中等偏强,基本营养生长期短。生育期125天左右,需活动积温≥2100℃。农艺性状表型精准鉴定时间为4月16日播种,5月17日插秧。该种质始穗期为7月14日,抽穗期为7月16日,齐穗期为7月17日,抽穗天数91天;株高103.6cm,穗长19.8cm,平均穗数16.3个,穗颈长11.6cm,穗下第一节间长39.6cm,剑叶长26.8cm,剑叶宽1.4cm,剑叶长宽比为19.1,平均穗粒数100.4个,结实率94.9%,谷粒长6.1mm,谷粒宽2.8mm,谷粒长宽比为2.2,千粒重24.7g;茎集散程度为中间型,叶色为绿色,谷粒形状长,穗型为中间型,落粒性极低,芒长无,芒色无,芒分布无,种皮为白色,实测评估产量为377.4千克/亩。

◆ **抗病性**

叶瘟S。

改良红脐稻

◆ **种质来源**

吉林省。

◆ **形态和生物学特性**

该种质属粳亚种黏性水稻，感光性较弱，感温性中等，基本营养生长期中等偏短。生育期130天左右，需活动积温≥2300℃。农艺性状表型精准鉴定时间为4月16日播种，5月17日插秧。该种质始穗期为7月18日，抽穗期为7月20日，齐穗期为7月22日，抽穗天数95天；株高128.9cm，穗长20.5cm，平均穗数13.0个，穗颈长9.6cm，穗下第一节间长42.2cm，剑叶长27.0cm，剑叶宽1.5cm，

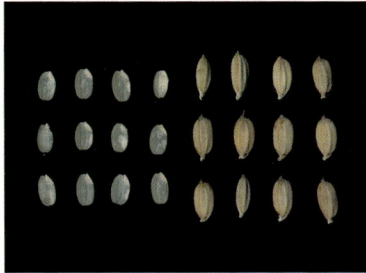

剑叶长宽比为18.0，平均穗粒数144.0个，结实率86.9%，谷粒长7.8mm，谷粒宽2.0mm，谷粒长宽比为2.0，千粒重8.7g；茎集散程度为中间型，叶色为绿色，谷粒形状为椭圆，穗型为中间型，落粒性极低，芒长无，芒色无，芒分布无，种皮为白色，实测评估产量为477.8千克/亩。

◆ **抗病性**

叶瘟S。

高秆虎皮白芒稻

◆ **种质来源**

新疆维吾尔自治区。

◆ **形态和生物学特性**

该种质属粳亚种黏性水稻，感光性较强，感温性较强，基本营养生长期中等偏长。生育期140天左右，需活动积温≥2700℃。农艺性状表型精准鉴定时间为4月16日播种，5月17日插秧。该种质始穗期为7月27日，抽穗期为7月29日，齐穗期为7月31日，抽穗天数104天；株高132.0cm，穗长18.6cm，平均穗数13.3个，穗颈长6.3cm，穗下第一节间长39.0cm，剑叶长28.7cm，剑叶宽1.3cm，剑叶长宽比为22.1，平均穗粒数83.2个，结实率76.8%，谷粒长7.5mm，谷粒宽3.0mm，谷粒长宽比为2.5，千粒重25.9g；茎集散程度为中间型，叶色为绿色，谷粒形状长，穗型为中间型，落粒性极高，芒长特长，芒色为白色，芒分布多，种皮为白色，实测评估产量为152.9千克/亩。

◆ **抗病性**

叶瘟HS。

高秆水旱稻

◆ **种质来源**

山东省。

◆ **形态和生物学特性**

该种质属粳亚种黏性旱稻，感光性强，感温性强，基本营养生长期较长。生育期145天左右，需活动积温≥2900℃。农艺性状表型精准鉴定时间为4月16日播种，5月17日插秧。该种质始穗期为7月31日，抽穗期为8月3日，齐穗期为8月5日，抽穗天数109天；株高133.3cm，穗长19.9cm，平均穗数14.1个，穗颈长6.4cm，穗下第一节间长36.6cm，剑叶长26.0cm，剑叶宽1.3cm，剑叶长宽比为20.0，平均穗粒数103.5个，结实率92.1%，谷粒长7.4mm，谷粒宽3.2mm，谷粒长宽比为2.3，千粒重30.8g；茎集散程度为中间型，叶色为绿色，谷粒形状长，穗型为中间型，落粒性极高，芒长中，芒色为秆黄色，芒分布稀，种皮为红色，实测评估产量为296.2千克/亩。

◆ **抗病性**

叶瘟S。

公交13号

◆ **种质来源**

辽宁省。

◆ **形态和生物学特性**

该种质属粳亚种黏性水稻，感光性中等，感温性中等偏弱，基本营养生长期长度中等。生育期135天左右，需活动积温≥2500℃。农艺性状表型精准鉴定时间为4月16日播种，5月17日插秧。该种质始穗期为7月25日，抽穗期为7月27日，齐穗期为7月30日，抽穗天数102天；株高106.2cm，穗长18.2cm，平均穗数13.5个，穗颈长6.6cm，穗下第一节间长33.6cm，剑叶长23.8cm，剑叶宽1.4cm，剑叶长宽比为17.0，平均穗粒数125.7个，结实率72.6%，谷粒长8.5mm，谷粒宽2.0mm，谷粒长宽比为2.0，千粒重20.4g；茎集散程度为中间型，叶色为绿色，谷粒形状为椭圆，穗型为散开型，落粒性极低，芒长无，芒色无，芒分布无，种皮为白色，实测评估产量为482.6千克/亩。

◆ **抗病性**

叶瘟S。

沟密租-龟尾九米

◆ **种质来源**

吉林省。

◆ **形态和生物学特性**

该种质属粳亚种黏性水稻，感光性较弱，感温性中等，基本营养生长期中等偏短。生育期130天左右，需活动积温≥2300℃。农艺性状表型精准鉴定时间为4月16日播种，5月17日插秧。该种质始穗期为7月19日，抽穗期为7月21日，齐穗期为7月24日，抽穗天数96天；株高126.0cm，穗长20.2cm，平均穗数11.8个，穗颈长5.8cm，穗下第一节间长38.1cm，剑叶长27.2cm，剑叶宽1.5cm，剑叶长宽比为18.1，平均穗粒数101.5个，结实率74.3%，谷粒长8.4mm，谷粒宽2.2mm，谷粒长宽比为2.2，千粒重27.2g；茎集散程度为中间型，叶色为绿色，谷粒形状长，穗型为中间型，落粒性极低，芒长特长，芒色为褐色，芒分布多，种皮为白色，实测评估产量为410.9千克/亩。

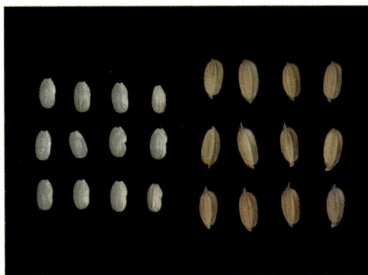

◆ **抗病性**

叶瘟S。

古冬

◆ **种质来源**

吉林省。

◆ **形态和生物学特性**

该种质属粳亚种黏性水稻，感光性中等，感温性中等偏弱，基本营养生长期长度中等。生育期135天左右，需活动积温≥2500℃。农艺性状表型精准鉴定时间为4月16日播种，5月17日插秧。该种质始穗期为7月23日，抽穗期为7月26日，齐穗期为7月27日，抽穗天数101天；株高128.7cm，穗长21.7cm，平均穗数9.5个，穗颈长7.4cm，穗下第一节间长38.8cm，剑叶长30.7cm，剑叶宽1.7cm，剑叶长宽比为18.1，平均穗粒数166.1个，结实率85.0%，谷粒长7.5mm，谷粒宽3.5mm，谷粒长宽比为2.2，千粒重30.8g；茎集散程度为直立型，叶色为绿色，谷粒形状长，穗型为散开型，落粒性极低，芒长中，芒色为褐色，芒分布稀，种皮为白色，实测评估产量为430.0千克/亩。

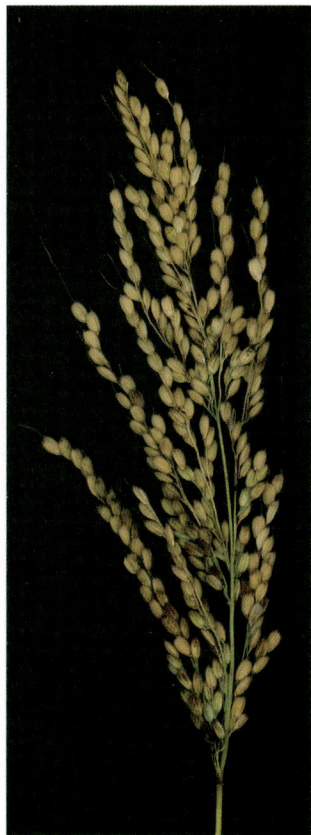

◆ **抗病性**

叶瘟S。

光头葫芦

◆ **种质来源**

　　黑龙江省。

◆ **形态和生物学特性**

　　该种质属粳亚种
黏性水稻，感光性强，
感温性强，基本营养生
长期较长。生育期145
天左右，需活动积温
≥2900℃。农艺性状表
型精准鉴定时间为4月
16日播种，5月17日插
秧。该种质始穗期为8
月3日，抽穗期为8月5
日，齐穗期为8月7日，
抽穗天数111天；株高
104.9cm，穗长15.3cm，
平均穗数14.3个，穗颈
长6.7cm，穗下第一节
间长30.6cm，剑叶长
22.3cm，剑叶宽1.3cm，
剑叶长宽比为17.2，平均穗粒数87.4个，结实率88.7%，谷粒长6.4mm，谷粒宽
2.8mm，谷粒长宽比为2.4，千粒重24.4g；茎集散程度为中间型，叶色为绿色，谷粒
形状长，穗型为中间型，落粒性极低，芒长无，芒色无，芒分布无，种皮为红色，
实测评估产量为367.9千克/亩。

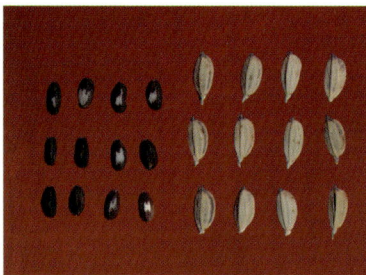

◆ **抗病性**

　　叶瘟R。

光头糯

◆ **种质来源**

黑龙江省。

◆ **形态和生物学特性**

该种质属粳亚种糯性水稻，感光性弱，感温性中等偏强，基本营养生长期短。生育期125天左右，需活动积温≥2100℃。农艺性状表型精准鉴定时间为4月16日播种，5月17日插秧。该种质始穗期为7月12日，抽穗期为7月13日，齐穗期为7月14日，抽穗天数88天；株高105.8cm，穗长21.4cm，平均穗数10.4个，穗颈长13.6cm，穗下第一节间长44.2cm，剑叶长30.7cm，剑叶宽1.3cm，剑叶长宽比为23.6，平均穗粒数79.4个，结实率99.8%，谷粒长5.8mm，谷粒宽2.8mm，谷粒长宽比为2.1，千粒重35.5g；茎集散程度为中间型，叶色为绿色，谷粒形状为椭圆，穗型为中间型，落粒性极低，芒长无，芒色无，芒分布无，种皮为白色，实测评估产量为348.8千克/亩。

◆ **抗病性**

叶瘟S。

贵房23

◆ **种质来源**

辽宁省。

◆ **形态和生物学特性**

该种质属粳亚种黏性水稻，感光性强，感温性强，基本营养生长期长。生育期150天以上，需活动积温≥3200℃。农艺性状表型精准鉴定时间为4月16日播种，5月17日插秧。该种质始穗期为8月16日，抽穗期为8月18日，齐穗期为8月20日，抽穗天数124天；株高99.5cm，穗长16.4cm，平均穗数17.8个，穗颈长3.7cm，穗下第一节间长30.0cm，剑叶长26.1cm，剑叶宽0.9cm，剑叶长宽比为29.0，平均穗粒数74.5个，结实率68.3%，谷粒长9.2mm，谷粒宽2.2mm，谷粒长宽比为2.2，千粒重15.2g；茎集散程度为中间型，叶色为浅黄色，谷粒形状长，穗型为中间型，落粒性高，芒长无，芒色无，芒分布无，种皮为白色，实测评估产量为406.1千克/亩。

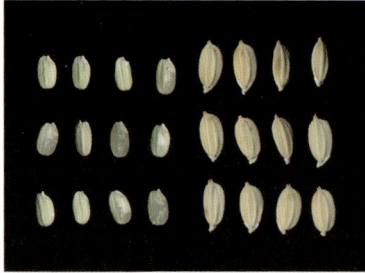

◆ **抗病性**

叶瘟MR。

海城黏稻子

◆ **种质来源**

辽宁省。

◆ **形态和生物学特性**

该种质属粳亚种糯性水稻,感光性弱,感温性中等偏强,基本营养生长期短。生育期125天左右,需活动积温≥2100℃。农艺性状表型精准鉴定时间为4月16日播种,5月17日插秧。该种质始穗期为7月10日,抽穗期为7月13日,齐穗期为7月16日,抽穗天数88天;株高131.7cm,穗长22.4cm,平均穗数6.6个,穗颈长10.6cm,穗下第一节间长42.5cm,剑叶长33.0cm,剑叶宽1.4cm,剑叶长宽比为23.6,平均穗粒数220.9个,结实率79.9%,谷粒长9.0mm,谷粒宽1.9mm,谷粒长宽比为1.9,千粒重21.2g;茎集散程度为中间型,叶色为绿色,谷粒形状为椭圆,穗型为中间型,落粒性极低,芒长无,芒色无,芒分布无,种皮为白色,实测评估产量为401.3千克/亩。

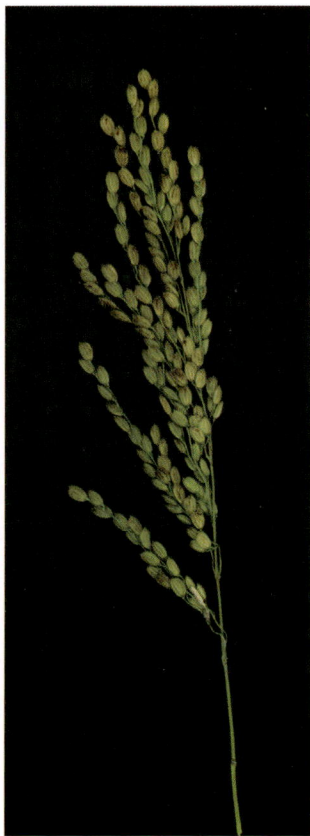

◆ **抗病性**

叶瘟R。

海林1号

◆ **种质来源**

　　黑龙江省。

◆ **形态和生物学特性**

　　该种质属粳亚种黏性水稻，感光性弱，感温性中等偏强，基本营养生长期短。生育期125天左右，需活动积温≥2100℃。农艺性状表型精准鉴定时间为4月16日播种，5月17日插秧。该种质始穗期为7月15日，抽穗期为7月16日，齐穗期为7月17日，抽穗天数91天；株高102.6cm，穗长18.2cm，平均穗数13.7个，穗颈长4.2cm，穗下第一节间长32.5cm，剑叶长27.6cm，剑叶宽1.6cm，剑叶长宽比为17.3，平均穗粒数113.1个，结实率93.5%，谷粒长6.5mm，谷粒宽3.0mm，谷粒长宽比为2.2，千粒重26.9g；茎集散程度为中间型，叶色为绿色，谷粒形状长，穗型为中间型，落粒性极低，芒长中，芒色为秆黄色，芒分布少，种皮为白色，实测评估产量为520.8千克/亩。

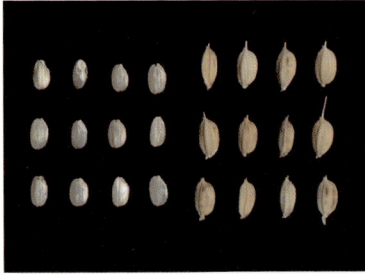

◆ **抗病性**

　　叶瘟S。

海阳旱稻

◆ **种质来源**

山东省。

◆ **形态和生物学特性**

该种质属粳亚种黏性旱稻，感光性较强，感温性较强，基本营养生长期中等偏长。生育期140天左右，需活动积温≥2700℃。农艺性状表型精准鉴定时间为4月16日播种，5月17日插秧。该种质始穗期为7月31日，抽穗期为8月2日，齐穗期为8月4日，抽穗天数108天；株高110.2cm，穗长22.9cm，平均穗数11.2个，穗颈长4.8cm，穗下第一节间长33.4cm，剑叶长22.5cm，剑叶宽1.6cm，

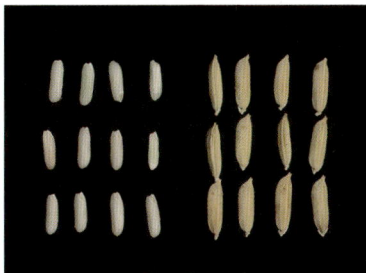

剑叶长宽比为14.1，平均穗粒数166.0个，结实率93.0%，谷粒长8.9mm，谷粒宽2.3mm，谷粒长宽比为3.9，千粒重26.3g；茎集散程度为中间型，叶色为浅黄色，谷粒形状细长，穗型为中间型，落粒性极高，芒长无，芒色无，芒分布无，种皮为白色，实测评估产量为511.2千克/亩。

◆ **抗病性**

叶瘟MR。

毫巴永

◆ **种质来源**

云南省。

◆ **形态和生物学特性**

该种质属粳亚种黏性水稻,感光性强,感温性强,基本营养生长期长。生育期150天以上,需活动积温≥3500℃。农艺性状表型精准鉴定时间为4月16日播种,5月17日插秧。该种质始穗期为9月10日,抽穗期为9月14日,齐穗期为9月18日,抽穗天数151天;株高144.3cm,穗长20.4cm,平均穗数16.7个,穗颈长2.3cm,穗下第一节间长35.9cm,剑叶长37.9cm,剑叶宽1.6cm,剑叶长宽比为23.7,平均穗粒数145.0个,结实率80.3%,谷粒长7.7mm,谷粒宽2.9mm,谷粒长宽比为2.7,千粒重18.3g;茎集散程度为散开型,叶色为绿色,谷粒形状长,穗型为中间型,落粒性低,芒长无,芒色无,芒分布无,种皮为红色,实测评估产量为105.6千克/亩。

◆ **抗病性**

叶瘟R。

毫来怀

◆ **种质来源**

云南省。

◆ **形态和生物学特性**

该种质属粳亚种黏性水稻，感光性强，感温性强，基本营养生长期长。生育期150天以上，需活动积温≥3100℃。农艺性状表型精准鉴定时间为4月16日播种，5月17日插秧。该种质始穗期为8月11日，抽穗期为8月13日，齐穗期为8月15日，抽穗天数119天；株高165.3cm，穗长24.6cm，平均穗数14.3个，穗颈长4.9cm，穗下第一节间长43.0cm，剑叶长32.6cm，剑叶宽1.8cm，剑叶长宽比为18.1，平均穗粒数87.3个，结实率60.7%，谷粒长8.2mm，谷粒宽3.2mm，谷粒长宽比为2.6，千粒重32.6g；茎集散程度为直立型，叶色为绿色，谷粒形状长，穗型为散开型，落粒性高，芒长无，芒色无，芒分布无，种皮为红色，实测评估产量为114.7千克/亩。

◆ **抗病性**

叶瘟R。

毫麻克

◆ **种质来源**

云南省。

◆ **形态和生物学特性**

该种质属粳亚种黏性水稻，感光性强，感温性强，基本营养生长期长。生育期160天以上，需活动积温＞4000℃。农艺性状表型精准鉴定时间为4月16日播种，5月17日插秧。该种质始穗期晚于9月20日；株高96.2cm，穗长24.0cm，平均穗数10.7个，穗颈长21.5cm，穗下第一节间长18.0cm，剑叶长40.3cm，剑叶宽1.7cm，剑叶长宽比为23.7，茎集散程度为直立型，叶色为深绿色，谷粒形状为椭圆，穗型为中间型，落粒性，芒长长，芒色为白色，芒分布多，种皮为白色，未能在吉林省正常成熟。

◆ **抗病性**

叶瘟R。

毫马粉

◆ **种质来源**

云南省。

◆ **形态和生物学特性**

该种质属粳亚种黏性水稻，感光性强，感温性强，基本营养生长期长。生育期160天以上，需活动积温＞4000℃。农艺性状表型精准鉴定时间为4月16日播种，5月17日插秧。该种质始穗期晚于9月20日；株高92.0cm，穗长26.8cm，平均穗数14.9个，穗颈长19.3cm，穗下第一节间长18.8cm，剑叶长47.8cm，剑叶宽2.2cm，剑叶长宽比为21.7；茎集散程度为中间型，叶色为深绿色，谷粒形状为椭圆，穗型为中间型，落粒性无，芒长无，芒色无，芒分布少，种皮为白色，未能在吉林省正常成熟。

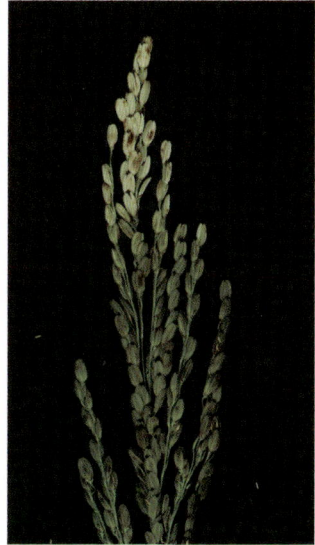

◆ **抗病性**

叶瘟R。

毫马克

◆ 种质来源

　　云南省。

◆ 形态和生物学特性

　　该种质属粳亚种黏性水稻，感光性强，感温性强，基本营养生长期长。生育期150天以上，需活动积温≥3100℃。农艺性状表型精准鉴定时间为4月16日播种，5月17日插秧。该种质始穗期为8月10日，抽穗期为8月12日，齐穗期为8月14日，抽穗天数118天；株高115.7cm，穗长18.2cm，平均穗数9.3个，穗颈长4.0cm，穗下第一节间长30.8cm，剑叶长22.4cm，剑叶宽1.6cm，

剑叶长宽比为14.0，平均穗粒数169.4个，结实率86.0%，谷粒长7.5mm，谷粒宽2.9mm，谷粒长宽比为2.7，千粒重25.2g；茎集散程度为中间型，叶色为浅绿色，谷粒形状长，穗型为中间型，落粒性极低，芒长短，芒色为秆黄色，芒分布稀，种皮为白色，实测评估产量为367.9千克/亩。

◆ 抗病性

　　叶瘟R。

毫糯海

◆ **种质来源**

云南省。

◆ **形态和生物学特性**

该种质属粳亚种糯性水稻，感光性强，感温性强，基本营养生长期长。生育期150天以上，需活动积温≥3200℃。农艺性状表型精准鉴定时间为4月16日播种，5月17日插秧。该种质始穗期为8月21日，抽穗期为8月27日，齐穗期为9月1日，抽穗天数133天；株高137.4cm，穗长23.2cm，平均穗数11.6个，穗颈长0.1cm，穗下第一节间长36.4cm，剑叶长33.9cm，剑叶宽1.7cm，剑叶长宽比为19.9，平均穗粒数96.5个，结实率87.4%，谷粒长6.0mm，谷粒宽2.6mm，谷粒长宽比为2.4，千粒重100.7g；茎集散程度为直立型，叶色为绿色，谷粒形状长，穗型为中间型，落粒性极低，芒长无，芒色无，芒分布无，种皮为红色，实测评估产量为112.6千克/亩。

◆ **抗病性**

叶瘟R。

毫转

◆ **种质来源**

云南省。

◆ **形态和生物学特性**

该种质属粳亚种黏性水稻，感光性强，感温性强，基本营养生长期长。生育期150天以上，需活动积温≥3100℃。农艺性状表型精准鉴定时间为4月16日播种，5月17日插秧。该种质始穗期为8月9日，抽穗期为8月13日，齐穗期为8月15日，抽穗天数119天；株高143.8cm，穗长22.8cm，平均穗数13.1个，穗颈长5.8cm，穗下第一节间长39.8cm，剑叶长29.2cm，剑叶宽1.9cm，剑叶长宽比为15.4，平均穗粒数130.9个，结实率75.2%，谷粒长5.8mm，谷粒宽2.3mm，谷粒长宽比为2.6，千粒重72.8g；茎集散程度为中间型，叶色为浅黄色，谷粒形状长，穗型为中间型，落粒性极低，芒长无，芒色无，芒分布无，种皮为白色，实测评估产量为248.4千克/亩。

◆ **抗病性**

叶瘟R。

黑河瑷珲

◆ 种质来源

黑龙江省。

◆ 形态和生物学特性

该种质属粳亚种黏性水稻，感光性较弱，感温性中等，基本营养生长期中等偏短。生育期130天左右，需活动积温≥2300℃。农艺性状表型精准鉴定时间为4月16日播种，5月17日插秧。该种质始穗期为7月18日，抽穗期为7月19日，齐穗期为7月21日，抽穗天数94天；株高110.8cm，穗长19.7cm，平均穗数11.9个，穗颈长8.2cm，穗下第一节间长36.9cm，剑叶长25.9cm，剑叶宽1.5cm，剑叶长宽比为17.3，平均穗粒数128.4个，结实率99.4%，谷粒长6.3mm，谷粒宽2.9mm，谷粒长宽比为2.2，千粒重23.9g；茎集散程度为中间型，叶色为浅黄色，谷粒形状长，穗型为中间型，落粒性极低，芒长特长，芒色为褐色，芒分布多，种皮为白色，实测评估产量为387.0千克/亩。

◆ 抗病性

叶瘟S。

黑龙江光头红

◆ **种质来源**

黑龙江省。

◆ **形态和生物学特性**

该种质属粳亚种黏性水稻，感光性弱，感温性中等偏强，基本营养生长期短。生育期125天左右，需活动积温≥2100℃。农艺性状表型精准鉴定时间为4月16日播种，5月17日插秧。该种质始穗期为7月13日，抽穗期为7月15日，齐穗期为7月17日，抽穗天数90天；株高117.4cm，穗长19.2cm，平均穗数15.6个，穗颈长10.1cm，穗下第一节间长39.1cm，剑叶长26.0cm，剑叶宽1.2cm，

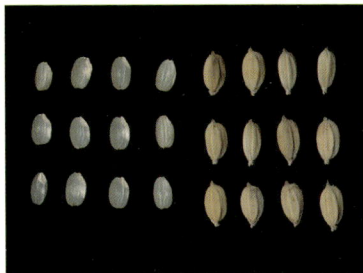

剑叶长宽比为21.7，平均穗粒数106.8个，结实率95.7%，谷粒长6.1mm，谷粒宽3.1mm，谷粒长宽比为2.0，千粒重26.0g；茎集散程度为中间型，叶色为浅绿色，谷粒形状为椭圆，穗型为中间型，落粒性极低，芒长无，芒色无，芒分布无，种皮为白色，实测评估产量为434.8千克/亩。

◆ **抗病性**

叶瘟S。

黑龙江黑芒稻

◆ **种质来源**

黑龙江省。

◆ **形态和生物学特性**

该种质属粳亚种黏性水稻，感光性较强，感温性较强，基本营养生长期中等偏长。生育期140天左右，需活动积温≥2700℃。农艺性状表型精准鉴定时间为4月16日播种，5月17日插秧。该种质始穗期为7月29日，抽穗期为8月1日，齐穗期为8月3日，抽穗天数107天；株高140.1cm，穗长24.1cm，平均穗数12.9个，穗颈长11.0cm，穗下第一节间长43.3cm，剑叶长34.8cm，剑叶宽1.3cm，剑叶长宽比为26.8，平均穗粒数108.2个，结实率80.9%，谷粒长7.6mm，谷粒宽3.2mm，谷粒长宽比为2.4，千粒重27.0g；茎集散程度为中间型，叶色为浅黄色，谷粒形状长，穗型为散开型，落粒性极低，芒长特长，芒色为黑色，芒分布多，种皮为白色，实测评估产量为396.6千克/亩。

◆ **抗病性**

叶瘟MS。

黑龙江红毛子

◆ **种质来源**

黑龙江省。

◆ **形态和生物学特性**

该种质属粳亚种黏性水稻，感光性中等，感温性中等偏弱，基本营养生长期长度中等。生育期135天左右，需活动积温≥2500℃。农艺性状表型精准鉴定时间为4月16日播种，5月17日插秧。该种质始穗期为7月25日，抽穗期为7月27日，齐穗期为7月30日，抽穗天数102天；株高141.3cm，穗长20.3cm，平均穗数14.1个，穗颈长8.1cm，穗下第一节间长38.9cm，剑叶长26.3cm，剑叶宽1.3cm，剑叶长宽比为20.2，平均穗粒数82.7个，结实率99.8%，谷粒长6.3mm，谷粒宽2.7mm，谷粒长宽比为2.4，千粒重24.6g；茎集散程度为中间型，叶色为浅黄色，谷粒形状长，穗型为中间型，落粒性极低，芒长特长，芒色为褐色，芒分布多，种皮为白色，实测评估产量为406.1千克/亩。

◆ **抗病性**

叶瘟MS。

黑龙江黄毛稻子

◆ **种质来源**

黑龙江省。

◆ **形态和生物学特性**

该种质属粳亚种黏性水稻，感光性弱，感温性中等偏强，基本营养生长期短。生育期125天左右，需活动积温≥2100℃。农艺性状表型精准鉴定时间为4月16日播种，5月17日插秧。该种质始穗期为7月14日，抽穗期为7月16日，齐穗期为7月18日，抽穗天数91天；株高115.5cm，穗长19.9cm，平均穗数12.4个，穗颈长13.2cm，穗下第一节间长43.1cm，剑叶长30.1cm，剑叶宽1.5cm，

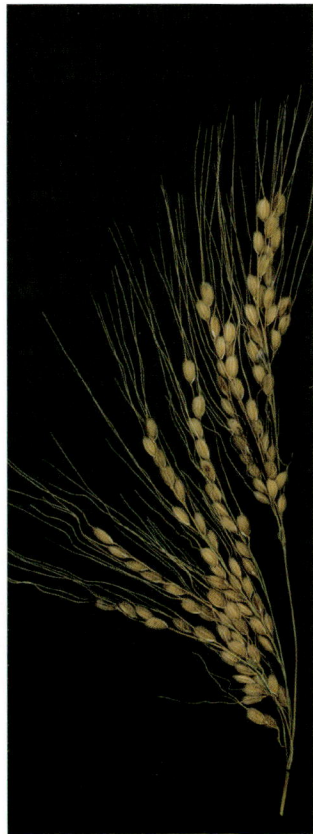

剑叶长宽比为20.1，平均穗粒数105.3个，结实率99.8%，谷粒长6.3mm，谷粒宽3.0mm，谷粒长宽比为2.2，千粒重25.8g；茎集散程度为中间型，叶色为绿色，谷粒形状长，穗型为中间型，落粒性低，芒长特长，芒色为秆黄色，芒分布多，种皮为白色，实测评估产量为367.9千克/亩。

◆ **抗病性**

叶瘟S。

黑龙江小白毛

◆ **种质来源**

黑龙江省。

◆ **形态和生物学特性**

该种质属粳亚种黏性水稻，感光性弱，感温性中等偏强，基本营养生长期短。生育期125天左右，需活动积温≥2100℃。农艺性状表型精准鉴定时间为4月16日播种，5月17日插秧。该种质始穗期为7月14日，抽穗期为7月16日，齐穗期为7月18日，抽穗天数91天；株高115.1cm，穗长20.1cm，平均穗数12.0个，穗颈长9.8cm，穗下第一节间长39.0cm，剑叶长26.7cm，剑叶宽1.4cm，剑叶长宽比为19.1，平均穗粒数127.2个，结实率86.6%，谷粒长6.4mm，谷粒宽2.9mm，谷粒长宽比为2.3，千粒重24.7g；茎集散程度为中间型，叶色为浅绿色，谷粒形状长，穗型为中间型，落粒性极低，芒长中，芒色为秆黄色，芒分布中，种皮为白色，实测评估产量为420.4千克/亩。

◆ **抗病性**

叶瘟MS。

黑龙江小光头

◆ **种质来源**

　　黑龙江省。

◆ **形态和生物学特性**

　　该种质属粳亚种黏性水稻，感光性弱，感温性中等偏强，基本营养生长期短。生育期125天左右，需活动积温≥2100℃。农艺性状表型精准鉴定时间为4月16日播种，5月17日插秧。该种质始穗期为7月12日，抽穗期为7月14日，齐穗期为7月16日，抽穗天数89天；株高110.7cm，穗长21.7cm，平均穗数14.6个，穗颈长13.2cm，穗下第一节间长42.5cm，剑叶长23.2cm，剑叶宽1.4cm，剑叶长宽比为16.6，平均穗粒数79.2个，结实率98.2%，谷粒长6.6mm，谷粒宽2.9mm，谷粒长宽比为2.3，千粒重26.4g；茎集散程度为中间型，叶色为绿色，谷粒形状长，穗型为中间型，落粒性极低，芒长中，芒色为秆黄色，芒分布稀，种皮为白色，实测评估产量为363.1千克/亩。

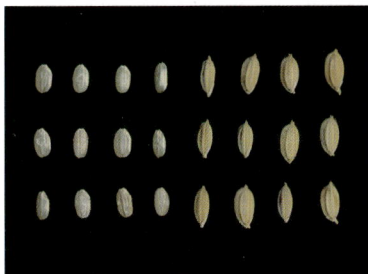

◆ **抗病性**

　　叶瘟S。

黑龙江直立穗

◆ **种质来源**

黑龙江省。

◆ **形态和生物学特性**

该种质属粳亚种黏性水稻，感光性弱，感温性中等偏强，基本营养生长期短。生育期125天左右，需活动积温≥2100℃。农艺性状表型精准鉴定时间为4月16日播种，5月17日插秧。该种质始穗期为7月13日，抽穗期为7月15日，齐穗期为7月17日，抽穗天数90天；株高106.5cm，穗长19.3cm，平均穗数14.3个，穗颈长9.6cm，穗下第一节间长38.9cm，剑叶长25.7cm，剑叶宽1.4cm，剑叶长宽比为18.4，平均穗粒数97.8个，结实率99.8%，谷粒长6.6mm，谷粒宽3.0mm，谷粒长宽比为2.2，千粒重28.0g；茎集散程度为直立型，叶色为绿色，谷粒形状长，穗型为中间型，落粒性极低，芒长中，芒色为黄色，芒分布多，种皮为白色，实测评估产量为387.0千克/亩。

◆ **抗病性**

叶瘟MS。

黑毛稻

◆ **种质来源**

辽宁省。

◆ **形态和生物学特性**

该种质属粳亚种黏性水稻，感光性强，感温性强，基本营养生长期较长。生育期145天左右，需活动积温≥2900℃。农艺性状表型精准鉴定时间为4月16日播种，5月17日插秧。该种质始穗期为8月2日，抽穗期为8月4日，齐穗期为8月6日，抽穗天数110天；株高135.3cm，穗长22.1cm，平均穗数13.0个，穗颈长7.8cm，穗下第一节间长37.8cm，剑叶长28.5cm，剑叶宽1.3cm，剑叶长宽比为21.9，平均穗粒数62.2个，结实率0.2%，谷粒长8.5mm，谷粒宽3.5mm，谷粒长宽比为2.4，千粒重28.8g；茎集散程度为中间型，叶色为绿色，谷粒形状长，穗型为散开型，落粒性极低，芒长特长，芒色为黑色，芒分布多，种皮为白色，实测评估产量为277.1千克/亩。

◆ **抗病性**

叶瘟R。

黑糯

◆ **种质来源**

辽宁省。

◆ **形态和生物学特性**

该种质属粳亚种糯性水稻，感光性强，感温性强，基本营养生长期较长。生育期145天左右，需活动积温≥2900℃。农艺性状表型精准鉴定时间为4月16日播种，5月17日插秧。该种质始穗期为8月1日，抽穗期为8月3日，齐穗期为8月4日，抽穗天数109天；株高105.4cm，穗长17.0cm，平均穗数15.6个，穗颈长10.7cm，穗下第一节间长38.0cm，剑叶长21.5cm，剑叶宽1.0cm，剑叶长宽比为21.5，平均穗粒数85.2个，结实率72.5%，谷粒长8.7mm，谷粒宽2.1mm，谷粒长宽比为2.1，千粒重16.8g；茎集散程度为中间型，叶色为绿色，谷粒形状为椭圆，穗型为中间型，落粒性极低，芒长中，芒色为黄色，芒分布稀，种皮为黑色，实测评估产量为592.4千克/亩。

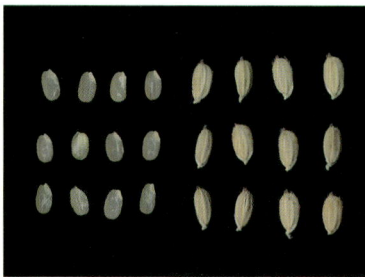

◆ **抗病性**

叶瘟MS。

黑眼圈

◆ **种质来源**

黑龙江省。

◆ **形态和生物学特性**

该种质属粳亚种黏性水稻，感光性弱，感温性中等偏强，基本营养生长期短。生育期125天左右，需活动积温≥2100℃。农艺性状表型精准鉴定时间为4月16日播种，5月17日插秧。该种质始穗期为7月16日，抽穗期为7月17日，齐穗期为7月18日，抽穗天数92天；株高125.2cm，穗长19.8cm，平均穗数11.8个，穗颈长6.4cm，穗下第一节间长35.5cm，剑叶长27.2cm，剑叶宽1.5cm，

剑叶长宽比为18.1，平均穗粒数123.7个，结实率99.6%，谷粒长6.3mm，谷粒宽3.3mm，谷粒长宽比为1.9，千粒重30.4g；茎集散程度为中间型，叶色为绿色，谷粒形状为椭圆，穗型为中间型，落粒性极低，芒长短，芒色为褐色，芒分布稀，种皮为白色，实测评估产量为520.8千克/亩。

◆ **抗病性**

叶瘟MS。

黑黏稻

◆ **种质来源**

黑龙江省。

◆ **形态和生物学特性**

该种质属粳亚种糯性水稻，感光性弱，感温性中等偏强，基本营养生长期短。生育期125天左右，需活动积温≥2100℃。农艺性状表型精准鉴定时间为4月16日播种，5月17日插秧。该种质始穗期为7月14日，抽穗期为7月16日，齐穗期为7月17日，抽穗天数91天；株高102.6cm，穗长18.4cm，平均穗数11.4个，穗颈长13.6cm，穗下第一节间长41.4cm，剑叶长27.3cm，剑叶宽1.5cm，剑叶长宽比为18.2，平均穗粒数97.6个，结实率96.2%，谷粒长6.4mm，谷粒宽3.2mm，谷粒长宽比为2.0，千粒重27.6g；茎集散程度为直立型，叶色为绿色，谷粒形状为椭圆，穗型为中间型，落粒性极低，芒长特长，芒色为秆黄色，芒分布多，种皮为紫色，实测评估产量为449.1千克/亩。

◆ **抗病性**

叶瘟S。

红光头1

◆ **种质来源**

辽宁省。

◆ **形态和生物学特性**

该种质属粳亚种黏性水稻，感光性较强，感温性较强，基本营养生长期中等偏长。生育期140天左右，需活动积温≥2700℃。农艺性状表型精准鉴定时间为4月16日播种，5月17日插秧。该种质始穗期为7月26日，抽穗期为8月1日，齐穗期为8月4日，抽穗天数107天；株高135.4cm，穗长21.3cm，平均穗数14.5个，穗颈长7.6cm，穗下第一节间长36.7cm，剑叶长26.4cm，剑叶宽1.3cm，

剑叶长宽比为20.3，平均穗粒数94.9个，结实率71.3%，谷粒长10.2mm，谷粒宽2.5mm，谷粒长宽比为2.5，千粒重28.3g；茎集散程度为中间型，叶色为浅黄色，谷粒形状长，穗型为中间型，落粒性极低，芒长无，芒色无，芒分布无，种皮为红色，实测评估产量为439.6千克/亩。

◆ **抗病性**

叶瘟MS。

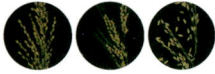

红光头2

◆ **种质来源**

辽宁省。

◆ **形态和生物学特性**

该种质属粳亚种黏性水稻，感光性较强，感温性较强，基本营养生长期中等偏长。生育期140天左右，需活动积温≥2700℃。农艺性状表型精准鉴定时间为4月16日播种，5月17日插秧。该种质始穗期为7月27日，抽穗期为7月30日，齐穗期为8月1日，抽穗天数105天；株高140.3cm，穗长22.8cm，平均穗数10.6个，穗颈长7.4cm，穗下第一节间长39.0cm，剑叶长27.3cm，剑叶宽1.4cm，剑叶长宽比为19.5，平均穗粒数92.5个，结实率91.0%，谷粒长9.8mm，谷粒宽2.5mm，谷粒长宽比为2.5，千粒重35.7g；茎集散程度为中间型，叶色为浅黄色，谷粒形状长，穗型为中间型，落粒性低，芒长无，芒色无，芒分布无，种皮为红色，实测评估产量为320.1千克/亩。

◆ **抗病性**

叶瘟R。

红果

◆ **种质来源**

黑龙江省。

◆ **形态和生物学特性**

该种质属粳亚种黏性水稻，感光性较弱，感温性中等，基本营养生长期中等偏短。生育期130天左右，需活动积温≥2300℃。农艺性状表型精准鉴定时间为4月16日播种，5月17日插秧。该种质始穗期为7月19日，抽穗期为7月21日，齐穗期为7月23日，抽穗天数96天；株高99.2cm，穗长15.6cm，平均穗数20.3个，穗颈长8.5cm，穗下第一节间长32.2cm，剑叶长24.3cm，剑叶宽1.5cm，剑叶长宽比为16.2，平均穗粒数83.9个，结实率96.8%，谷粒长5.9mm，谷粒宽2.8mm，谷粒长宽比为2.1，千粒重22.0g；茎集散程度为中间型，叶色为绿色，谷粒形状为椭圆，穗型为中间型，落粒性极低，芒长特长，芒色为褐色，芒分布多，种皮为白色，实测评估产量为468.2千克/亩。

◆ **抗病性**

叶瘟MS。

红旱稻-金线稻

◆ **种质来源**

吉林省。

◆ **形态和生物学特性**

该种质属粳亚种黏性旱稻，感光性中等，感温性中等偏弱，基本营养生长期长度中等。生育期135天左右，需活动积温≥2500℃。农艺性状表型精准鉴定时间为4月16日播种，5月17日插秧。该种质始穗期为7月23日，抽穗期为7月25日，齐穗期为7月26日，抽穗天数100天；株高90.1cm，穗长16.5cm，平均穗数14.6个，穗颈长1.8cm，穗下第一节间长28.4cm，剑叶长20.7cm，剑叶宽1.1cm，剑叶长宽比为18.8，平均穗粒数80.7个，结实率78.6%，谷粒长8.4mm，谷粒宽2.1mm，谷粒长宽比为2.1，千粒重23.5g；茎集散程度为直立型，叶色为浅绿色，谷粒形状为椭圆，穗型为中间型，落粒性低，芒长特长，芒色为红色，芒分布多，种皮为白色，实测评估产量为420.4千克/亩。

◆ **抗病性**

叶瘟S。

红尖1

◆ **种质来源**

吉林省。

◆ **形态和生物学特性**

该种质属粳亚种黏性水稻，感光性中等，感温性中等偏弱，基本营养生长期长度中等。生育期135天左右，需活动积温≥2500℃。农艺性状表型精准鉴定时间为4月16日播种，5月17日插秧。该种质始穗期为7月24日，抽穗期为7月26日，齐穗期为7月28日，抽穗天数101天；株高123.8cm，穗长19.7cm，平均穗数12.2个，穗颈长14.6cm，穗下第一节间长45.9cm，剑叶长35.6cm，剑叶宽1.6cm，剑叶长宽比为22.3，平均穗粒数116.8个，结实率77.9%，谷粒长8.1mm，谷粒宽1.9mm，谷粒长宽比为1.9，千粒重23.2g；茎集散程度为中间型，叶色为绿色，谷粒形状为椭圆，穗型为中间型，落粒性极低，芒长中，芒色为红色，芒分布中，种皮为白色，实测评估产量为415.7千克/亩。

◆ **抗病性**

叶瘟R。

红尖2

◆ **种质来源**

吉林省。

◆ **形态和生物学特性**

该种质属粳亚种黏性水稻，感光性中等，感温性中等偏弱，基本营养生长期长度中等。生育期135天左右，需活动积温≥2500℃。农艺性状表型精准鉴定时间为4月16日播种，5月17日插秧。该种质始穗期为7月26日，抽穗期为7月28日，齐穗期为7月29日，抽穗天数103天；株高136.1cm，穗长19.6cm，平均穗数11.4个，穗颈长13.6cm，穗下第一节间长45.5cm，剑叶长31.8cm，剑叶宽1.6cm，剑叶长宽比为19.9，平均穗粒数174.4个，结实率75.4%，谷粒长8.0mm，谷粒宽1.9mm，谷粒长宽比为1.9，千粒重20.8g；茎集散程度为中间型，叶色为浅绿色，谷粒形状为椭圆，穗型为中间型，落粒性极低，芒长短，芒色为褐色，芒分布少，种皮为白色，实测评估产量为401.3千克/亩。

◆ **抗病性**

叶瘟S。

红毛

◆ **种质来源**

吉林省。

◆ **形态和生物学特性**

该种质属粳亚种黏性水稻，感光性弱，感温性中等偏强，基本营养生长期短。生育期125天左右，需活动积温≥2100℃。农艺性状表型精准鉴定时间为4月16日播种，5月17日插秧。该种质始穗期为7月15日，抽穗期为7月17日，齐穗期为7月19日，抽穗天数92天；株高118.9cm，穗长20.6cm，平均穗数11.9个，穗颈长6.2cm，穗下第一节间长38.3cm，剑叶长29.2cm，剑叶宽1.5cm，剑叶长宽比为19.5，平均穗粒数86.2个，结实率34.5%，谷粒长8.9mm，谷粒宽2.5mm，谷粒长宽比为2.5，千粒重22.4g；茎集散程度为中间型，叶色为绿色，谷粒形状长，穗型为中间型，落粒性中，芒长特长，芒色为红色，芒分布多，种皮为白色，实测评估产量为296.2千克/亩。

◆ **抗病性**

叶瘟R。

红毛白大肚

◆ **种质来源**

辽宁省。

◆ **形态和生物学特性**

该种质属粳亚种黏性水稻，感光性较强，感温性较强，基本营养生长期中等偏长。生育期140天左右，需活动积温≥2700℃。农艺性状表型精准鉴定时间为4月16日播种，5月17日插秧。该种质始穗期为7月29日，抽穗期为7月31日，齐穗期为8月1日，抽穗天数106天；株高119.9cm，穗长18.6cm，平均穗数14.0个，穗颈长11.5cm，穗下第一节间长38.9cm，剑叶长25.2cm，剑叶宽1.3cm，剑叶长宽比为19.4，平均穗粒数123.9个，结实率80.1%，谷粒长8.9mm，谷粒宽2.1mm，谷粒长宽比为2.1，千粒重22.7g；茎集散程度为中间型，叶色为绿色，谷粒形状为椭圆，穗型为散开型，落粒性极低，芒长特长，芒色为红色，芒分布多，种皮为白色，实测评估产量为563.8千克/亩。

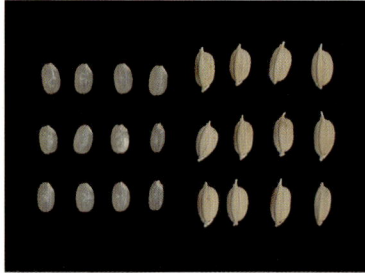

◆ **抗病性**

叶瘟S。

红苗稻子

◆ **种质来源**

辽宁省。

◆ **形态和生物学特性**

该种质属粳亚种糯性水稻，感光性强，感温性强，基本营养生长期长。生育期160天以上，需活动积温≥3100℃。农艺性状表型精准鉴定时间为4月16日播种，5月17日插秧。该种质始穗期为8月11日，抽穗期为8月15日，齐穗期为8月17日，抽穗天数121天；株高126.2cm，穗长21.3cm，平均穗数10.8个，穗颈长10.3cm，穗下第一节间长42.1cm，剑叶长29.7cm，剑叶宽1.3cm，剑叶长宽比为22.8，平均穗粒数137.6个，结实率87.8%，谷粒长7.8mm，谷粒宽1.8mm，谷粒长宽比为1.8，千粒重20.9g；茎集散程度为中间型，叶色为绿色，谷粒形状为短圆，穗型为中间型，落粒性极低，芒长特长，芒色为黑色，芒分布多，种皮为白色，实测评估产量为430.0千克/亩。

◆ **抗病性**

叶瘟R。

红糯一号

◆ **种质来源**

辽宁省。

◆ **形态和生物学特性**

该种质属粳亚种糯性水稻，感光性强，感温性强，基本营养生长期长。生育期150天以上，需活动积温≥3100℃。农艺性状表型精准鉴定时间为4月16日播种，5月17日插秧。该种质始穗期为8月8日，抽穗期为8月10日，齐穗期为8月11日，抽穗天数116天；株高135.4cm，穗长20.3cm，平均穗数13.5个，穗颈长5.3cm，穗下第一节间长35.5cm，剑叶长30.5cm，剑叶宽1.2cm，剑叶长宽比为25.4，平均穗粒数116.3个，结实率69.7%，谷粒长8.9mm，谷粒宽2.1mm，谷粒长宽比为2.1，千粒重18.6g；茎集散程度为中间型，叶色为绿色，谷粒形状为椭圆，穗型为中间型，落粒性极低，芒长特长，芒色为褐色，芒分布多，种皮为红色，实测评估产量为377.4千克/亩。

◆ **抗病性**

叶瘟MS。

红皮高丽旱稻

◆ **种质来源**

山东省。

◆ **形态和生物学特性**

该种质属粳亚种黏性旱稻，感光性强，感温性强，基本营养生长期长。生育期150天以上，需活动积温≥3200℃。农艺性状表型精准鉴定时间为4月16日播种，5月17日插秧。该种质始穗期为8月24日，抽穗期为8月27日，齐穗期为8月29日，抽穗天数133天；株高143.4cm，穗长26.2cm，平均穗数10.4个，穗颈长0.8cm，穗下第一节间长36.3cm，剑叶长33.9cm，剑叶宽1.5cm，剑叶长宽比为22.6，平均穗粒数107.7个，结实率70.0%，谷粒长7.5mm，谷粒宽3.4mm，谷粒长宽比为2.3，千粒重25.3g；茎集散程度为中间型，叶色为绿色，谷粒形状长，穗型为中间型，落粒性中，芒长中，芒色为红色，芒分布少，种皮为红色，实测评估产量为229.3千克/亩。

◆ **抗病性**

叶瘟MS。

候折亚

◆ **种质来源**

辽宁省。

◆ **形态和生物学特性**

该种质属粳亚种
糯性水稻,感光性强,
感温性强,基本营养
生长期长。生育期150
天以上,需活动积温
≥3200℃。农艺性状表
型精准鉴定时间为4月
16日播种,5月17日插
秧。该种质始穗期为8
月19日,抽穗期为8月
23日,齐穗期为8月26
日,抽穗天数129天;
株高111.1cm,穗长
17.7cm,平均穗数14.8
个,穗颈长3.8cm,穗
下第一节间长31.9cm,
剑叶长30.3cm,剑叶宽

0.8cm,剑叶长宽比为39.9,平均穗粒数72.8个,结实率83.0%,谷粒长9.2mm,谷粒
宽2.3mm,谷粒长宽比为2.3,千粒重18.0g;茎集散程度为中间型,叶色为绿色,谷
粒形状长,穗型为中间型,落粒性低,芒长长,芒色为秆黄色,芒分布多,种皮为
白色,实测评估产量为262.8千克/亩。

◆ **抗病性**

叶瘟R。

葫芦香稻

◆ **种质来源**

山东省。

◆ **形态和生物学特性**

该种质属粳亚种黏性水稻，感光性强，感温性强，基本营养生长期较长。生育期145天左右，需活动积温≥2900℃。农艺性状表型精准鉴定时间为4月16日播种，5月17日插秧。该种质始穗期为8月3日，抽穗期为8月5日，齐穗期为8月6日，抽穗天数111天；株高137.6cm，穗长24.1cm，平均穗数14.9个，穗颈长2.2cm，穗下第一节间长33.0cm，剑叶长31.1cm，剑叶宽1.4cm，剑叶长宽比为22.2，平均穗粒数78.4个，结实率82.9%，谷粒长6.3mm，谷粒宽2.6mm，谷粒长宽比为2.5，千粒重37.1g；茎集散程度为中间型，叶色为绿色，谷粒形状长，穗型为中间型，落粒性中，芒长无，芒色无，芒分布无，种皮为红色，实测评估产量为401.3千克/亩。

◆ **抗病性**

叶瘟MR。

虎林无芒稻

◆ **种质来源**

黑龙江省。

◆ **形态和生物学特性**

该种质属粳亚种黏性水稻，感光性较弱，感温性中等，基本营养生长期中等偏短。生育期130天左右，需活动积温≥2300℃。农艺性状表型精准鉴定时间为4月16日播种，5月17日插秧。该种质始穗期为7月17日，抽穗期为7月19日，齐穗期为7月21日，抽穗天数94天；株高113.8cm，穗长21.2cm，平均穗数13.3个，穗颈长8.4cm，穗下第一节间长39.2cm，剑叶长30.3cm，剑叶宽1.4cm，剑叶长宽比为21.6，平均穗粒数80.5个，结实率88.7%，谷粒长8.1mm，谷粒宽3.1mm，谷粒长宽比为2.7，千粒重29.7g；茎集散程度为中间型，叶色为浅黄色，谷粒形状长，穗型为中间型，落粒性极高，芒长无，芒色无，芒分布无，种皮为白色，实测评估产量为353.6千克/亩。

◆ **抗病性**

叶瘟S。

虎皮白芒稻

◆ **种质来源**

新疆维吾尔自治区。

◆ **形态和生物学特性**

该种质属粳亚种黏性水稻，感光性较强，感温性较强，基本营养生长期中等偏长。生育期140天左右，需活动积温≥2700℃。农艺性状表型精准鉴定时间为4月16日播种，5月17日插秧。该种质始穗期为7月29日，抽穗期为7月30日，齐穗期为7月31日，抽穗天数105天；株高111.0cm，穗长17.1cm，平均穗数20.7个，穗颈长10.3cm，穗下第一节间长36.0cm，剑叶长24.8cm，剑叶宽1.4cm，剑叶长宽比为17.7，平均穗粒数87.6个，结实率95.9%，谷粒长6.7mm，谷粒宽3.2mm，谷粒长宽比为2.1，千粒重26.8g；茎集散程度为中间型，叶色为绿色，谷粒形状为椭圆，穗型为散开型，落粒性极低，芒长无，芒色无，芒分布无，种皮为白色，实测评估产量为439.6千克/亩。

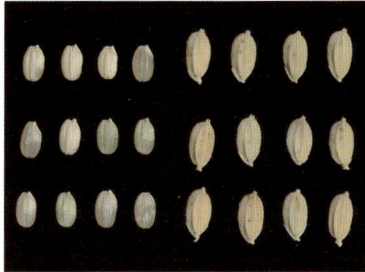

◆ **抗病性**

叶瘟MR。

虎皮黑芒稻

◆ **种质来源**

新疆维吾尔自治区。

◆ **形态和生物学特性**

该种质属粳亚种黏性水稻，感光性较弱，感温性中等，基本营养生长期中等偏短。生育期130天左右，需活动积温≥2300℃。农艺性状表型精准鉴定时间为4月16日播种，5月17日插秧。该种质始穗期为7月19日，抽穗期为7月21日，齐穗期为7月23日，抽穗天数96天；株高117.7cm，穗长18.9cm，平均穗数12.2个，穗颈长6.8cm，穗下第一节间长37.0cm，剑叶长33.6cm，剑叶宽1.4cm，剑叶长宽比为24.0，平均穗粒数108.6个，结实率69.2%，谷粒长7.8mm，谷粒宽3.2mm，谷粒长宽比为2.5，千粒重26.6g；茎集散程度为中间型，叶色为绿色，谷粒形状长，穗型为中间型，落粒性高，芒长特长，芒色为黑色，芒分布多，种皮为白色，实测评估产量为124.2千克/亩。

◆ **抗病性**

叶瘟HS。

虎皮无芒稻

◆ 种质来源

新疆维吾尔自治区。

◆ 形态和生物学特性

该种质属粳亚种黏性水稻，感光性较弱，感温性中等，基本营养生长期中等偏短。生育期130天左右，需活动积温≥2300℃。农艺性状表型精准鉴定时间为4月16日播种，5月17日插秧。该种质始穗期为7月17日，抽穗期为7月19日，齐穗期为7月20日，抽穗天数94天；株高115.1cm，穗长22.2cm，平均穗数12.7个，穗颈长9.0cm，穗下第一节间长40.4cm，剑叶长34.6cm，剑叶宽1.4cm，剑叶长宽比为24.7，平均穗粒数87.9个，结实率82.6%，谷粒长8.1mm，谷粒宽3.0mm，谷粒长宽比为2.7，千粒重29.1g；茎集散程度为中间型，叶色为绿色，谷粒形状长，穗型为中间型，落粒性高，芒长无，芒色无，芒分布无，种皮为白色，实测评估产量为157.7千克/亩。

◆ 抗病性

叶瘟HS。

花谷

◆ **种质来源**

云南省。

◆ **形态和生物学特性**

该种质属粳亚种黏性水稻，感光性强，感温性强，基本营养生长期长。生育期160天以上，需活动积温＞4000℃。农艺性状表型精准鉴定时间为4月16日播种，5月17日插秧。该种质始穗期晚于9月20日；株高88.2cm，穗长18.5cm，平均穗数6.6个，穗颈长1.5cm，穗下第一节间长30.2cm，剑叶长50.6cm，剑叶宽2.1cm，剑叶长宽比为24.1，茎集散程度为直立型，叶色为深绿色，谷粒形状为短圆，穗型为密集型，落粒性极低，芒长无，芒色无，芒分布无，种皮为白色，未能在吉林省自然条件下正常成熟。

◆ **抗病性**

叶瘟R。

花脸

◆ **种质来源**

辽宁省。

◆ **形态和生物学特性**

该种质属粳亚种黏性水稻，感光性较强，感温性较强，基本营养生长期中等偏长。生育期140天左右，需活动积温≥2700℃。农艺性状表型精准鉴定时间为4月16日播种，5月17日插秧。该种质始穗期为7月31日，抽穗期为8月2日，齐穗期为8月4日，抽穗天数108天；株高145.1cm，穗长17.7cm，平均穗数11.6个，穗颈长12.1cm，穗下第一节间长41.4cm，剑叶长26.2cm，剑叶宽1.4cm，剑叶长宽比为19.1，平均穗粒数106.3个，结实率87.1%，谷粒长9.0mm，谷粒宽2.2mm，谷粒长宽比为2.2，千粒重26.3g；茎集散程度为中间型，叶色为绿色，谷粒形状长，穗型为散开型，落粒性极低，芒长特长，芒色为褐色，芒分布多，种皮为白色，实测评估产量为358.3千克/亩。

◆ **抗病性**

叶瘟MS。

黄尖光头-陆羽稻

◆ **种质来源**

吉林省。

◆ **形态和生物学特性**

该种质属粳亚种黏性水稻，感光性中等，感温性中等偏弱，基本营养生长期长度中等。生育期135天左右，需活动积温≥2500℃。农艺性状表型精准鉴定时间为4月16日播种，5月17日插秧。该种质始穗期为7月23日，抽穗期为7月25日，齐穗期为7月26日，抽穗天数100天；株高92.1cm，穗长14.9cm，平均穗数16.4个，穗颈长7.1cm，穗下第一节间长29.9cm，剑叶长16.9cm，剑叶宽1.3cm，剑叶长宽比为13.0，平均穗粒数80.6个，结实率100.0%，谷粒长6.0mm，谷粒宽3.1mm，谷粒长宽比为2.0，千粒重26.5g；茎集散程度为直立型，叶色为绿色，谷粒形状为椭圆，穗型为中间型，落粒性极低，芒长无，芒色无，芒分布无，种皮为白色，实测评估产量为415.7千克/亩。

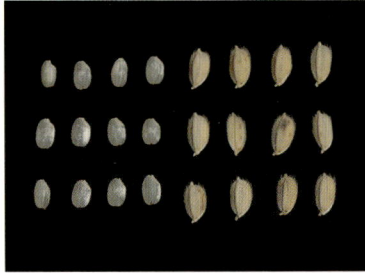

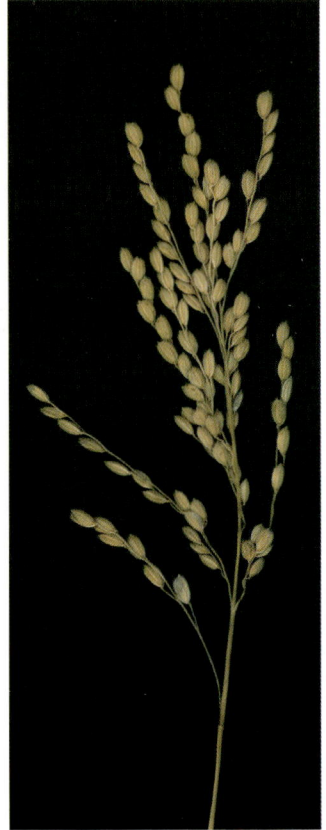

◆ **抗病性**

叶瘟S。

黄尖陆羽

◆ **种质来源**

辽宁省。

◆ **形态和生物学特性**

该种质属粳亚种黏性水稻，感光性较强，感温性较强，基本营养生长期中等偏长。生育期140天左右，需活动积温≥2700℃。农艺性状表型精准鉴定时间为4月16日播种，5月17日插秧。该种质始穗期为7月30日，抽穗期为7月31日，齐穗期为8月2日，抽穗天数106天；株高130.6cm，穗长21.3cm，平均穗数12.6个，穗颈长11.2cm，穗下第一节间长40.8cm，剑叶长26.6cm，剑叶宽1.6cm，剑叶长宽比为16.6，平均穗粒数132.2个，结实率56.7%，谷粒长8.4mm，谷粒宽1.9mm，谷粒长宽比为1.9，千粒重18.7g；茎集散程度为中间型，叶色为绿色，谷粒形状为椭圆，穗型为中间型，落粒性极低，芒长中，芒色为褐色，芒分布少，种皮为白色，实测评估产量为358.3千克/亩。

◆ **抗病性**

叶瘟S。

黄芒稻

◆ **种质来源**

新疆维吾尔自治区。

◆ **形态和生物学特性**

该种质属粳亚种黏性水稻，感光性较弱，感温性中等，基本营养生长期中等偏短。生育期130天左右，需活动积温≥2300℃。农艺性状表型精准鉴定时间为4月16日播种，5月17日插秧。该种质始穗期为7月16日，抽穗期为7月19日，齐穗期为7月22日，抽穗天数94天；株高114.6cm，穗长19.0cm，平均穗数11.0个，穗颈长6.8cm，穗下第一节间长37.6cm，剑叶长30.0cm，剑叶宽1.3cm，剑叶长宽比为23.1，平均穗粒数122.2个，结实率72.3%，谷粒长7.8mm，谷粒宽3.4mm，谷粒长宽比为2.4，千粒重23.8g；茎集散程度为中间型，叶色为浅绿色，谷粒形状长，穗型为中间型，落粒性极高，芒长长，芒色为黄色，芒分布多，种皮为白色，实测评估产量为143.3千克/亩。

◆ **抗病性**

叶瘟HS。

黄黏粳子

◆ **种质来源**

辽宁省。

◆ **形态和生物学特性**

该种质属粳亚种糯性旱稻，感光性强，感温性强，基本营养生长期长。生育期150天以上，需活动积温≥3100℃。农艺性状表型精准鉴定时间为4月16日播种，5月17日插秧。该种质始穗期为8月6日，抽穗期为8月9日，齐穗期为8月11日，抽穗天数115天；株高145.2cm，穗长21.9cm，平均穗数15.2个，穗颈长9.6cm，穗下第一节间长39.3cm，剑叶长30.3cm，剑叶宽1.2cm，剑叶长宽比为25.3，平均穗粒数88.5个，结实率53.2%，谷粒长9.6mm，谷粒宽2.1mm，谷粒长宽比为2.1，千粒重13.0g；茎集散程度为中间型，叶色为绿色，谷粒形状为椭圆，穗型为中间型，落粒性极低，芒长无，芒色无，芒分布无，种皮为白色，实测评估产量为348.8千克/亩。

◆ **抗病性**

叶瘟MS。

混水稻

◆ **种质来源**

内蒙古自治区。

◆ **形态和生物学特性**

该种质属粳亚种黏性水稻，感光性较强，感温性较强，基本营养生长期中等偏长。生育期140天左右，需活动积温≥2700℃。农艺性状表型精准鉴定时间为4月16日播种，5月17日插秧。该种质始穗期为7月28日，抽穗期为7月30日，齐穗期为7月31日，抽穗天数105天；株高120.2cm，穗长18.1cm，平均穗数16.4个，穗颈长7.3cm，穗下第一节间长34.5cm，剑叶长23.8cm，剑叶宽1.2cm，剑叶长宽比为19.8，平均穗粒数92.3个，结实率92.4%，谷粒长6.8mm，谷粒宽3.1mm，谷粒长宽比为2.2，千粒重23.5g；茎集散程度为直立型，叶色为浅黄色，谷粒形状长，穗型为中间型，落粒性中，芒长特长，芒色为黄色，芒分布多，种皮为白色，实测评估产量为396.6千克/亩。

◆ **抗病性**

叶瘟HS。

吉林白大肚

◆ **种质来源**

吉林省。

◆ **形态和生物学特性**

该种质属粳亚种黏性水稻，感光性强，感温性强，基本营养生长期较长。生育期145天左右，需活动积温≥2900℃。农艺性状表型精准鉴定时间为4月16日播种，5月17日插秧。该种质始穗期为8月1日，抽穗期为8月6日，齐穗期为8月8日，抽穗天数112天；株高142.7cm，穗长20.7cm，平均穗数12.8个，穗颈长8.9cm，穗下第一节间长39.8cm，剑叶长31.8cm，剑叶宽1.4cm，剑叶长宽比为22.7，平均穗粒数104.2个，结实率80.5%，谷粒长9.7mm，谷粒宽2.3mm，谷粒长宽比为2.3，千粒重22.6g；茎集散程度为中间型，叶色为绿色，谷粒形状长，穗型为中间型，落粒性极低，芒长特长，芒色为秆黄色，芒分布多，种皮为白色，实测评估产量为167.2千克/亩。

◆ **抗病性**

叶瘟S。

吉林光头

◆ **种质来源**

吉林省。

◆ **形态和生物学特性**

该种质属粳亚种黏性水稻，感光性弱，感温性中等偏强，基本营养生长期短。生育期125天左右，需活动积温≥2100℃。农艺性状表型精准鉴定时间为4月16日播种，5月17日插秧。该种质始穗期为7月14日，抽穗期为7月16日，齐穗期为7月18日，抽穗天数91天；株高117.7cm，穗长19.0cm，平均穗数13.7个，穗颈长9.9cm，穗下第一节间长39.3cm，剑叶长26.6cm，剑叶宽1.4cm，剑叶长宽比为19.0，平均穗粒数118.3个，结实率82.0%，谷粒长8.5mm，谷粒宽2.0mm，谷粒长宽比为2.0，千粒重25.8g；茎集散程度为中间型，叶色为浅绿色，谷粒形状为椭圆，穗型为散开型，落粒性极低，芒长无，芒色无，芒分布无，种皮为白色，实测评估产量为344.0千克/亩。

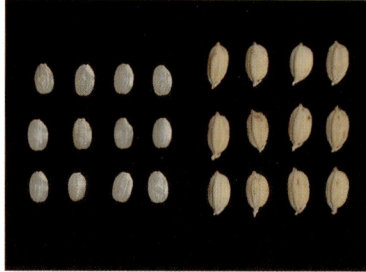

◆ **抗病性**

叶瘟S。

吉林光头红

◆ **种质来源**

吉林省。

◆ **形态和生物学特性**

该种质属粳亚种黏性水稻，感光性弱，感温性中等偏强，基本营养生长期短。生育期125天左右，需活动积温≥2100℃。农艺性状表型精准鉴定时间为4月16日播种，5月17日插秧。该种质始穗期为7月15日，抽穗期为7月17日，齐穗期为7月19日，抽穗天数92天；株高115.8cm，穗长19.3cm，平均穗数11.3个，穗颈长9.5cm，穗下第一节间长39.4cm，剑叶长28.3cm，剑叶宽1.4cm，剑叶长宽比为20.2，平均穗粒数119.0个，结实率99.8%，谷粒长6.5mm，谷粒宽3.2mm，谷粒长宽比为2.1，千粒重28.2g；茎集散程度为中间型，叶色为绿色，谷粒形状为椭圆，穗型为散开型，落粒性极低，芒长无，芒色无，芒分布无，种皮为白色，实测评估产量为344.0千克/亩。

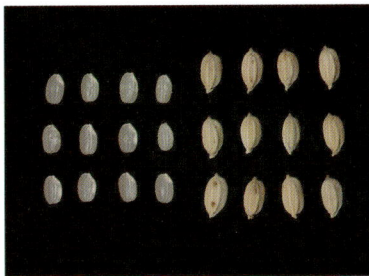

◆ **抗病性**

叶瘟R。

吉林旱稻

◆ **种质来源**

吉林省。

◆ **形态和生物学特性**

该种质属粳亚种黏性旱稻，感光性较弱，感温性中等，基本营养生长期中等偏短。生育期130天左右，需活动积温≥2300℃。农艺性状表型精准鉴定时间为4月16日播种，5月17日插秧。该种质始穗期为7月19日，抽穗期为7月21日，齐穗期为7月23日，抽穗天数96天；株高114.7cm，穗长21.7cm，平均穗数12.5个，穗颈长4.6cm，穗下第一节间长35.3cm，剑叶长28.6cm，剑叶宽1.4cm，剑叶长宽比为20.4，平均穗粒数97.5个，结实率47.8%，谷粒长8.8mm，谷粒宽2.3mm，谷粒长宽比为2.3，千粒重23.3g；茎集散程度为直立型，叶色为绿色，谷粒形状长，穗型为中间型，落粒性极低，芒长特长，芒色为红色，芒分布多，种皮为白色，实测评估产量为281.9千克/亩。

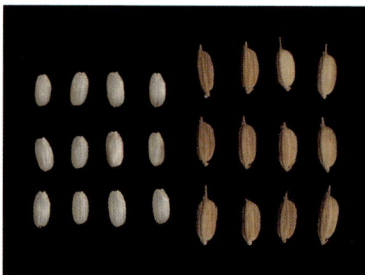

◆ **抗病性**

叶瘟S。

吉林红毛稻

◆ 种质来源

吉林省。

◆ 形态和生物学特性

该种质属粳亚种黏性水稻，感光性较弱，感温性中等，基本营养生长期中等偏短。生育期130天左右，需活动积温≥2300℃。农艺性状表型精准鉴定时间为4月16日播种，5月17日插秧。该种质始穗期为7月16日，抽穗期为7月19日，齐穗期为7月21日，抽穗天数94天；株高109.1cm，穗长19.5cm，平均穗数11.4个，穗颈长4.4cm，穗下第一节间长34.1cm，剑叶长24.0cm，剑叶宽1.4cm，剑叶长宽比为17.0，平均穗粒数94.6个，结实率44.3%，谷粒长8.1mm，谷粒宽2.0mm，谷粒长宽比为2.0，千粒重24.7g；茎集散程度为直立型，叶色为浅绿色，谷粒形状为椭圆，穗型为中间型，落粒性中，芒长特长，芒色为红色，芒分布多，种皮为白色，实测评估产量为305.8千克/亩。

◆ 抗病性

叶瘟MS。

吉林红毛稻子1

◆ **种质来源**

　　吉林省。

◆ **形态和生物学特性**

　　该种质属粳亚种黏性水稻，感光性中等，感温性中等偏弱，基本营养生长期长度中等。生育期135天左右，需活动积温≥2500℃。农艺性状表型精准鉴定时间为4月16日播种，5月17日插秧。该种质始穗期为7月21日，抽穗期为7月25日，齐穗期为7月27日，抽穗天数100天；株高117.8cm，穗长18.3cm，平均穗数12.9个，穗颈长11.0cm，穗下第一节间长41.2cm，剑叶长26.0cm，剑叶宽1.3cm，剑叶长宽比为20.0，平均穗粒数103.7个，结实率74.6%，谷粒长7.8mm，谷粒宽2.1mm，谷粒长宽比为2.1，千粒重20.7g；茎集散程度为中间型，叶色为绿色，谷粒形状为椭圆，穗型为散开型，落粒性极低，芒长特长，芒色为秆黄色，芒分布多，种皮为白色，实测评估产量为344.0千克/亩。

◆ **抗病性**

　　叶瘟S。

吉林红毛稻子2

◆ **种质来源**

吉林省。

◆ **形态和生物学特性**

该种质属粳亚种黏性水稻，感光性较弱，感温性中等，基本营养生长期中等偏短。生育期130天左右，需活动积温≥2300℃。农艺性状表型精准鉴定时间为4月16日播种，5月17日插秧。该种质始穗期为7月16日，抽穗期为7月19日，齐穗期为7月22日，抽穗天数94天；株高113.8cm，穗长21.4cm，平均穗数11.8个，穗颈长5.1cm，穗下第一节间长36.0cm，剑叶长24.8cm，剑叶宽1.4cm，剑叶长宽比为17.7，平均穗粒数88.7个，结实率49.0%，谷粒长9.1mm，谷粒宽2.5mm，谷粒长宽比为2.5，千粒重20.0g；茎集散程度为直立型，叶色为绿色，谷粒形状长，穗型为中间型，落粒性极低，芒长特长，芒色为褐色，芒分布多，种皮为白色，实测评估产量为215.0千克/亩。

◆ **抗病性**

叶瘟S。

吉林黄毛稻子

◆ **种质来源**

吉林省。

◆ **形态和生物学特性**

该种质属粳亚种黏性水稻，感光性较弱，感温性中等，基本营养生长期中等偏短。生育期130天左右，需活动积温≥2300℃。农艺性状表型精准鉴定时间为4月16日播种，5月17日插秧。该种质始穗期为7月14日，抽穗期为7月16日，齐穗期为7月18日，抽穗天数91天；株高115.5cm，穗长20.2cm，平均穗数11.6个，穗颈长4.7cm，穗下第一节间长35.8cm，剑叶长27.2cm，剑叶宽1.7cm，剑叶长宽比为16.0，平均穗粒数105.3个，结实率99.8%，谷粒长6.3mm，谷粒宽3.0mm，谷粒长宽比为2.2，千粒重25.8g；茎集散程度为散开型，叶色为绿色，谷粒形状为椭圆，穗型为中间型，落粒性极低，芒长特长，芒色为秆黄色，芒分布多，种皮为白色，实测评估产量为324.9千克/亩。

◆ **抗病性**

叶瘟S。

吉林日落

◆ **种质来源**

吉林省。

◆ **形态和生物学特性**

该种质属粳亚种黏性水稻，感光性弱，感温性中等偏强，基本营养生长期短。生育期125天左右，需活动积温≥2100℃。农艺性状表型精准鉴定时间为4月16日播种，5月17日插秧。该种质始穗期为7月13日，抽穗期为7月15日，齐穗期为7月16日，抽穗天数90天；株高119.1cm，穗长20.8cm，平均穗数11.7个，穗颈长10.8cm，穗下第一节间长41.4cm，剑叶长29.5cm，剑叶宽1.7cm，剑叶长宽比为17.4，平均穗粒数128.0个，结实率91.0%，谷粒长6.6mm，谷粒宽3.0mm，谷粒长宽比为2.3，千粒重27.7g；茎集散程度为中间型，叶色为浅黄色，谷粒形状长，穗型为中间型，落粒性极低，芒长特长，芒色为褐色，芒分布多，种皮为白色，实测评估产量为473.0千克/亩。

◆ **抗病性**

叶瘟S。

吉林石狩白毛

◆ **种质来源**

吉林省。

◆ **形态和生物学特性**

该种质属粳亚种黏性水稻，感光性弱，感温性中等偏强，基本营养生长期短。生育期125天左右，需活动积温≥2100℃。农艺性状表型精准鉴定时间为4月16日播种，5月17日插秧。该种质始穗期为7月11日，抽穗期为7月14日，齐穗期为7月16日，抽穗天数89天；株高97.1cm，穗长16.5cm，平均穗数11.3个，穗颈长11.8cm，穗下第一节间长39.1cm，剑叶长27.0cm，剑叶宽1.5cm，剑叶长宽比为18.0，平均穗粒数95.7个，结实率98.5%，谷粒长6.2mm，谷粒宽3.0mm，谷粒长宽比为2.1，千粒重28.9g；茎集散程度为直立型，叶色为浅绿色，谷粒形状为椭圆，穗型为中间型，落粒性极低，芒长特长，芒色为秆黄色，芒分布多，种皮为白色，实测评估产量为358.3千克/亩。

◆ **抗病性**

叶瘟R。

吉林晚光头

◆ **种质来源**

吉林省。

◆ **形态和生物学特性**

该种质属粳亚种黏性水稻，感光性较强，感温性较强，基本营养生长期中等偏长。生育期140天左右，需活动积温≥2700℃。农艺性状表型精准鉴定时间为4月16日播种，5月17日插秧。该种质始穗期为7月28日，抽穗期为7月30日，齐穗期为7月31日，抽穗天数105天；株高135.0cm，穗长20.9cm，平均穗数13.1个，穗颈长7.4cm，穗下第一节间长41.1cm，剑叶长31.5cm，剑叶宽1.4cm，剑叶长宽比为22.5，平均穗粒数120.6个，结实率87.7%，谷粒长6.5mm，谷粒宽3.1mm，谷粒长宽比为2.1，千粒重22.8g；茎集散程度为中间型，叶色为浅黄色，谷粒形状为椭圆，穗型为中间型，落粒性极低，芒长无，芒色为黄色，芒分布稀，种皮为白色，实测评估产量为396.6千克/亩。

◆ **抗病性**

叶瘟MS。

吉林小白毛1

◆ **种质来源**

吉林省。

◆ **形态和生物学特性**

该种质属粳亚种黏性水稻，感光性较强，感温性较强，基本营养生长期中等偏长。生育期140天左右，需活动积温≥2700℃。农艺性状表型精准鉴定时间为4月16日播种，5月17日插秧。该种质始穗期为7月29日，抽穗期为7月30日，齐穗期为7月31日，抽穗天数105天；株高133.2cm，穗长20.8cm，平均穗数13.7个，穗颈长6.4cm，穗下第一节间长39.7cm，剑叶长27.9cm，剑叶宽1.4cm，

剑叶长宽比为19.9，平均穗粒数140.8个，结实率70.4%，谷粒长8.8mm，谷粒宽2.1mm，谷粒长宽比为2.1，千粒重16.5g；茎集散程度为中间型，叶色为绿色，谷粒形状为椭圆，穗型为中间型，落粒性极低，芒长短，芒色为秆黄色，芒分布少，种皮为白色，实测评估产量为387.0千克/亩。

◆ **抗病性**

叶瘟MS。

吉林小白毛2

◆ **种质来源**

吉林省。

◆ **形态和生物学特性**

该种质属粳亚种黏性水稻，感光性中等，感温性中等偏弱，基本营养生长期长度中等。生育期135天左右，需活动积温≥2500℃。农艺性状表型精准鉴定时间为4月16日播种，5月17日插秧。该种质始穗期为7月26日，抽穗期为7月27日，齐穗期为7月28日，抽穗天数102天；株高138.9cm，穗长21.6cm，平均穗数12.3个，穗颈长13.8cm，穗下第一节间长46.7cm，剑叶长31.5cm，剑叶宽1.7cm，剑叶长宽比为18.5，平均穗粒数154.7个，结实率85.3%，谷粒长9.2mm，谷粒宽2.1mm，谷粒长宽比为2.1，千粒重26.3g；茎集散程度为中间型，叶色为浅绿色，谷粒形状为椭圆，穗型为散开型，落粒性极低，芒长中，芒色为秆黄色，芒分布少，种皮为白色，实测评估产量为463.4千克/亩。

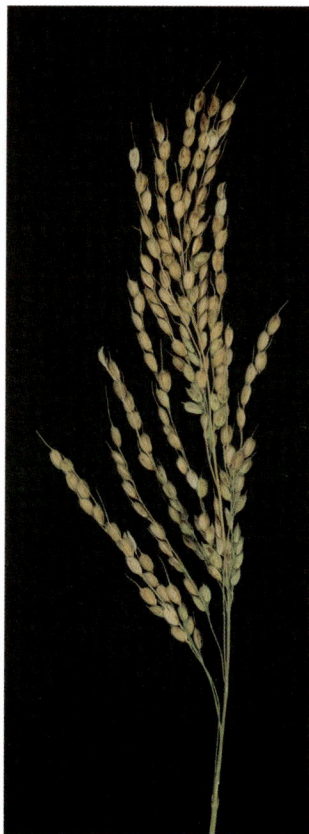

◆ **抗病性**

叶瘟S。

◆ **种质来源**

辽宁省。

◆ **形态和生物学特性**

该种质属粳亚种黏性水稻，感光性较强，感温性较强，基本营养生长期中等偏长。生育期140天左右，需活动积温≥2700℃。农艺性状表型精准鉴定时间为4月16日播种，5月17日插秧。该种质始穗期为7月29日，抽穗期为7月30日，齐穗期为8月1日，抽穗天数105天；株高136.2cm，穗长22.2cm，平均穗数10.5个，穗颈长8.3cm，穗下第一节间长38.2cm，剑叶长25.4cm，剑叶宽1.5cm，剑叶长宽比为16.9，平均穗粒数140.4个，结实率85.5%，谷粒长9.7mm，谷粒宽2.1mm，谷粒长宽比为2.1，千粒重25.2g；茎集散程度为中间型，叶色为绿色，谷粒形状为椭圆，穗型为散开型，落粒性极低，芒长短，芒色为秆黄色，芒分布稀，种皮为白色，实测评估产量为279.5千克/亩。

◆ **抗病性**

叶瘟S。

吉林兴亚

◆ **种质来源**

吉林省。

◆ **形态和生物学特性**

该种质属粳亚种黏性水稻，感光性较强，感温性较强，基本营养生长期中等偏长。生育期140天左右，需活动积温≥2700℃。农艺性状表型精准鉴定时间为4月16日播种，5月17日插秧。该种质始穗期为7月28日，抽穗期为7月29日，齐穗期为7月30日，抽穗天数104天；株高129.5cm，穗长20.8cm，平均穗数11.8个，穗颈长7.7cm，穗下第一节间长42.3cm，剑叶长28.9cm，剑叶宽1.4cm，剑叶长宽比为20.6，平均穗粒数128.7个，结实率79.6%，谷粒长8.7mm，谷粒宽2.1mm，谷粒长宽比为2.1，千粒重19.9g；茎集散程度为中间型，叶色为绿色，谷粒形状为椭圆，穗型为中间型，落粒性极低，芒长中，芒色为黄色，芒分布稀，种皮为白色，实测评估产量为430.0千克/亩。

◆ **抗病性**

叶瘟R。

吉林直立穗

◆ **种质来源**

吉林省。

◆ **形态和生物学特性**

该种质属粳亚种黏性水稻，感光性较强，感温性较强，基本营养生长期中等偏长。生育期140天左右，需活动积温≥2700℃。农艺性状表型精准鉴定时间为4月16日播种，5月17日插秧。该种质始穗期为7月27日，抽穗期为7月29日，齐穗期为7月30日，抽穗天数104天；株高124.8cm，穗长19.7cm，平均穗数13.0个，穗颈长14.0cm，穗下第一节间长43.1cm，剑叶长27.4cm，剑叶宽1.4cm，剑叶长宽比为19.6，平均穗粒数116.7个，结实率89.2%，谷粒长6.4mm，谷粒宽3.1mm，谷粒长宽比为2.1，千粒重25.1g；茎集散程度为中间型，叶色为绿色，谷粒形状为椭圆，穗型为中间型，落粒性极低，芒长无，芒色无，芒分布无，种皮为白色，实测评估产量为525.6千克/亩。

◆ **抗病性**

叶瘟MS。

嘉笠

◆ **种质来源**

辽宁省。

◆ **形态和生物学特性**

该种质属粳亚种黏性水稻，感光性强，感温性强，基本营养生长期长。生育期150天以上，需活动积温≥3100℃。农艺性状表型精准鉴定时间为4月16日播种，5月17日插秧。该种质始穗期为8月6日，抽穗期为8月8日，齐穗期为8月10日，抽穗天数114天；株高136.6cm，穗长23.0cm，平均穗数12.8个，穗颈长15.3cm，穗下第一节间长50.1cm，剑叶长34.3cm，剑叶宽1.2cm，剑叶长宽比为28.6，平均穗粒数103.2个，结实率70.5%，谷粒长9.6mm，谷粒宽2.3mm，谷粒长宽比为2.3，千粒重18.3g；茎集散程度为中间型，叶色为绿色，谷粒形状长，穗型为中间型，落粒性极低，芒长长，芒色为黄色，芒分布中，种皮为白色，实测评估产量为310.6千克/亩。

◆ **抗病性**

叶瘟MS。

胶东旱稻1

◆ **种质来源**

山东省。

◆ **形态和生物学特性**

该种质属粳亚种糯性旱稻，感光性较强，感温性较强，基本营养生长期中等偏长。生育期140天左右，需活动积温≥2700℃。农艺性状表型精准鉴定时间为4月16日播种，5月17日插秧。该种质始穗期为7月27日，抽穗期为8月1日，齐穗期为8月4日，抽穗天数107天；株高112.5cm，穗长21.2cm，平均穗数11.7个，穗颈长6.3cm，穗下第一节间长35.4cm，剑叶长26.9cm，剑叶宽1.4cm，剑叶长宽比为19.2，平均穗粒数169.3个，结实率89.9%，谷粒长7.8mm，谷粒宽3.1mm，谷粒长宽比为2.6，千粒重27.8g；茎集散程度为中间型，叶色为绿色，谷粒形状长，穗型为中间型，落粒性高，芒长无，芒色无，芒分布无，种皮为白色，实测评估产量为387.0千克/亩。

◆ **抗病性**

叶瘟MS。

胶东旱稻2

◆ **种质来源**

山东省。

◆ **形态和生物学特性**

该种质属粳亚种糯性旱稻，感光性较强，感温性较强，基本营养生长期中等偏长。生育期140天左右，需活动积温≥2700℃。农艺性状表型精准鉴定时间为4月16日播种，5月17日插秧。该种质始穗期为7月26日，抽穗期为7月29日，齐穗期为8月2日，抽穗天数104天；株高110.0cm，穗长20.3cm，平均穗数11.9个，穗颈长5.0cm，穗下第一节间长32.7cm，剑叶长22.3cm，剑叶宽1.5cm，

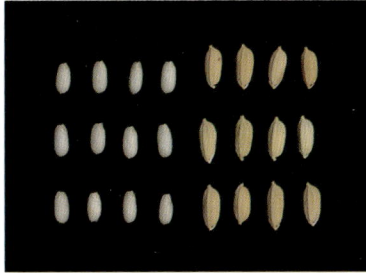

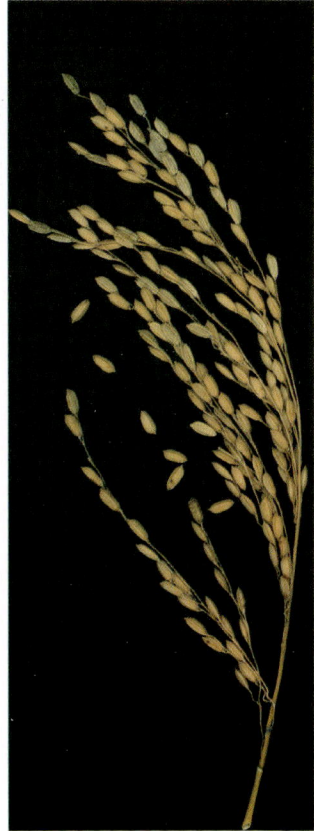

剑叶长宽比为14.9，平均穗粒数140.3个，结实率90.6%，谷粒长7.7mm，谷粒宽3.0mm，谷粒长宽比为2.7，千粒重26.1g；茎集散程度为中间型，叶色为浅黄色，谷粒形状长，穗型为散开型，落粒性低，芒长无，芒色无，芒分布无，种皮为白色，实测评估产量为458.7千克/亩。

◆ **抗病性**

叶瘟MS。

金勾稻

◆ **种质来源**

黑龙江省。

◆ **形态和生物学特性**

该种质属粳亚种黏性水稻，感光性弱，感温性中等偏强，基本营养生长期短。生育期125天左右，需活动积温≥2100℃。农艺性状表型精准鉴定时间为4月16日播种，5月17日插秧。该种质始穗期为7月14日，抽穗期为7月16日，齐穗期为7月18日，抽穗天数91天；株高109.8cm，穗长20.7cm，平均穗数13.2个，穗颈长6.8cm，穗下第一节间长37.2cm，剑叶长27.1cm，剑叶宽1.5cm，剑叶长宽比为18.1，平均穗粒数102.8个，结实率99.3%，谷粒长6.4mm，谷粒宽2.9mm，谷粒长宽比为2.3，千粒重25.0g；茎集散程度为中间型，叶色为绿色，谷粒形状长，穗型为中间型，落粒性低，芒长特长，芒色为秆黄色，芒分布多，种皮为白色，实测评估产量为415.7千克/亩。

◆ **抗病性**

叶瘟MS。

金钩

◆ **种质来源**

　　吉林省。

◆ **形态和生物学特性**

　　该种质属粳亚种黏性水稻，感光性较弱，感温性中等，基本营养生长期中等偏短。生育期130天左右，需活动积温≥2300℃。农艺性状表型精准鉴定时间为4月16日播种，5月17日插秧。该种质始穗期为7月19日，抽穗期为7月21日，齐穗期为7月23日，抽穗天数96天；株高121.4cm，穗长21.2cm，平均穗数11.4个，穗颈长6.3cm，穗下第一节间长38.9cm，剑叶长31.1cm，剑叶宽1.8cm，剑叶长宽比为17.3，平均穗粒数148.0个，结实率83.2%，谷粒长9.4mm，谷粒宽2.4mm，谷粒长宽比为2.4，千粒重24.7g；茎集散程度为中间型，叶色为绿色，谷粒形状长，穗型为中间型，落粒性极低，芒长特长，芒色为黄色，芒分布多，种皮为白色，实测评估产量为415.7千克/亩。

◆ **抗病性**

　　叶瘟S。

金线稻

◆ **种质来源**

黑龙江省。

◆ **形态和生物学特性**

该种质属粳亚种黏性水稻，感光性较弱，感温性中等，基本营养生长期中等偏短。生育期130天左右，需活动积温≥2300℃。农艺性状表型精准鉴定时间为4月16日播种，5月17日插秧。该种质始穗期为7月17日，抽穗期为7月19日，齐穗期为7月21日，抽穗天数94天；株高103.1cm，穗长20.3cm，平均穗数13.5个，穗颈长10.6cm，穗下第一节间长39.6cm，剑叶长33.0cm，剑叶宽1.5cm，剑叶长宽比为22.0，平均穗粒数107.4个，结实率99.6%，谷粒长6.6mm，谷粒宽3.1mm，谷粒长宽比为2.2，千粒重29.4g；茎集散程度为直立型，叶色为浅绿色，谷粒形状长，穗型为中间型，落粒性极低，芒长特长，芒色为黄色，芒分布多，种皮为白色，实测评估产量为501.7千克/亩。

◆ **抗病性**

叶瘟MS。

金早

◆ **种质来源**

吉林省。

◆ **形态和生物学特性**

该种质属粳亚种黏性水稻，感光性较弱，感温性中等，基本营养生长期中等偏短。生育期130天左右，需活动积温≥2300℃。农艺性状表型精准鉴定时间为4月16日播种，5月17日插秧。该种质始穗期为7月19日，抽穗期为7月22日，齐穗期为8月4日，抽穗天数97天；株高125.7cm，穗长20.7cm，平均穗数11.9个，穗颈长10.7cm，穗下第一节间长42.7cm，剑叶长28.4cm，剑叶宽1.4cm，剑叶长宽比为20.3，平均穗粒数89.6个，结实率80.0%，谷粒长8.4mm，谷粒宽2.2mm，谷粒长宽比为2.2，千粒重21.0g；茎集散程度为中间型，叶色为绿色，谷粒形状长，穗型为中间型，落粒性高，芒长长，芒色为红色，芒分布多，种皮为白色，实测评估产量为353.6千克/亩。

◆ **抗病性**

叶瘟S。

紧码京租

◆ **种质来源**

吉林省。

◆ **形态和生物学特性**

该种质属粳亚种黏性水稻，感光性中等，感温性中等偏弱，基本营养生长期长度中等。生育期135天左右，需活动积温≥2500℃。农艺性状表型精准鉴定时间为4月16日播种，5月17日插秧。该种质始穗期为7月20日，抽穗期为7月27日，齐穗期为7月28日，抽穗天数102天；株高131.5cm，穗长19.6cm，平均穗数12.2个，穗颈长9.4cm，穗下第一节间长40.6cm，剑叶长26.8cm，剑叶宽1.3cm，剑叶长宽比为20.6，平均穗粒数105.5个，结实率96.3%，谷粒长6.5mm，谷粒宽3.1mm，谷粒长宽比为2.1，千粒重24.6g；茎集散程度为中间型，叶色为浅黄色，谷粒形状为椭圆，穗型为中间型，落粒性极低，芒长长，芒色为黄色，芒分布中，种皮为白色，实测评估产量为410.9千克/亩。

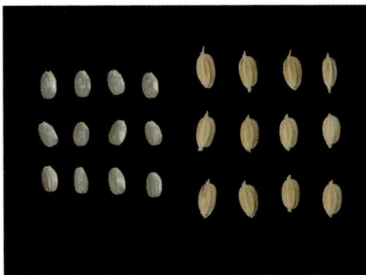

◆ **抗病性**

叶瘟MR。

京勾

◆ **种质来源**

　　黑龙江省。

◆ **形态和生物学特性**

　　该种质属粳亚种黏性水稻，感光性中等，感温性中等偏弱，基本营养生长期长度中等。生育期135天左右，需活动积温≥2500℃。农艺性状表型精准鉴定时间为4月16日播种，5月17日插秧。该种质始穗期为7月22日，抽穗期为7月24日，齐穗期为7月26日，抽穗天数99天；株高117.7cm，穗长19.2cm，平均穗数13.2个，穗颈长11.1cm，穗下第一节间长41.8cm，剑叶长26.0cm，剑叶宽1.6cm，剑叶长宽比为16.3，平均穗粒数118.1个，结实率90.8%，谷粒长6.4mm，谷粒宽3.3mm，谷粒长宽比为2.0，千粒重26.7g；茎集散程度为中间型，叶色为绿色，谷粒形状为椭圆，穗型为中间型，落粒性极低，芒长无，芒色无，芒分布无，种皮为白色，实测评估产量为482.6千克/亩。

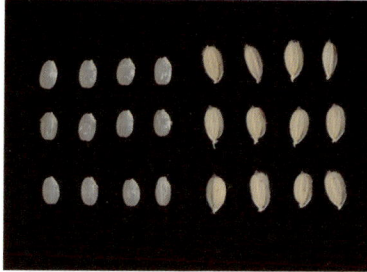

◆ **抗病性**

　　叶瘟R。

京租

◆ **种质来源**

辽宁省。

◆ **形态和生物学特性**

该种质属粳亚种黏性水稻，感光性强，感温性强，基本营养生长期长。生育期150天以上，需活动积温≥3100℃。农艺性状表型精准鉴定时间为4月16日播种，5月17日插秧。该种质始穗期为8月6日，抽穗期为8月8日，齐穗期为8月10日，抽穗天数114天；株高138.5cm，穗长23.8cm，平均穗数13.5个，穗颈长14.6cm，穗下第一节间长49.9cm，剑叶长32.9cm，剑叶宽1.3cm，剑叶长宽比为25.3，平均穗粒数89.3个，结实率84.8%，谷粒长9.5mm，谷粒宽2.3mm，谷粒长宽比为2.3，千粒重21.5g；茎集散程度为中间型，叶色为绿色，谷粒形状长，穗型为中间型，落粒性极低，芒长特长，芒色为黄色，芒分布多，种皮为白色，实测评估产量为391.8千克/亩。

◆ **抗病性**

叶瘟MS。

旧地糯

◆ **种质来源**

云南省。

◆ **形态和生物学特性**

该种质属粳亚种糯性水稻，感光性强，感温性强，基本营养生长期长。生育期160天以上，需活动积温＞4000℃。农艺性状表型精准鉴定时间为4月16日播种，5月17日插秧。该种质始穗期晚于9月20日；株高93.5cm，穗长20.5cm，平均穗数9.2个，穗颈长5.3cm，穗下第一节间长28.6cm，剑叶长60.5cm，剑叶宽2.0cm，剑叶长宽比为30.3，茎集散程度为直立型，叶色为深绿色，穗型为中间型，落粒性低，芒长无，芒色无，芒分布无，未能在吉林省自然条件下正常成熟。

◆ **抗病性**

叶瘟R。

抗美

◆ **种质来源**

辽宁省。

◆ **形态和生物学特性**

该种质属粳亚种黏性水稻，感光性强，感温性强，基本营养生长期较长。生育期145天左右，需活动积温≥2900℃。农艺性状表型精准鉴定时间为4月16日播种，5月17日插秧。该种质始穗期为8月2日，抽穗期为8月3日，齐穗期为8月4日，抽穗天数109天；株高118.8cm，穗长17.2cm，平均穗数15.7个，穗颈长8.9cm，穗下第一节间长35.9cm，剑叶长25.2cm，剑叶宽1.2cm，剑叶长宽比为21.0，平均穗粒数116.1个，结实率81.3%，谷粒长9.4mm，谷粒宽2.2mm，谷粒长宽比为2.2，千粒重23.3g；茎集散程度为中间型，叶色为绿色，谷粒形状长，穗型为中间型，落粒性极低，芒长无，芒色无，芒分布无，种皮为白色，实测评估产量为511.2千克/亩。

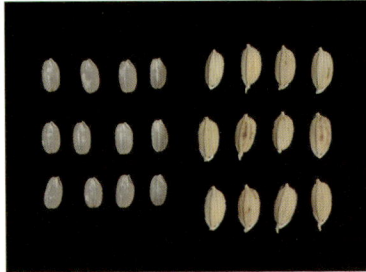

◆ **抗病性**

叶瘟S。

科里

◆ **种质来源**

吉林省。

◆ **形态和生物学特性**

该种质属粳亚种黏
性水稻，感光性较强，
感温性较强，基本营养
生长期中等偏长。生育
期140天左右，需活动
积温≥2700℃。农艺性
状表型精准鉴定时间为
4月16日播种，5月17日
插秧。该种质始穗期为7
月28日，抽穗期为7月30
日，齐穗期为7月31日，
抽穗天数105天；株高
111.0cm，穗长19.5cm，
平均穗数11.1个，穗颈
长7.9cm，穗下第一节
间长36.2cm，剑叶长
25.6cm，剑叶宽1.5cm，
剑叶长宽比为17.1，平均穗粒数122.7个，结实率97.9%，谷粒长6.7mm，谷粒宽
3.4mm，谷粒长宽比为2.0，千粒重25.9g；茎集散程度为中间型，叶色为绿色，谷粒
形状为椭圆，穗型为中间型，落粒性极低，芒长无，芒色无，芒分布无，种皮为白
色，实测评估产量为430.0千克/亩。

◆ **抗病性**

叶瘟R。

宽城大白芒

◆ **种质来源**

河北省。

◆ **形态和生物学特性**

该种质属粳亚种黏性水稻，感光性强，感温性强，基本营养生长期长。生育期150天以上，需活动积温≥3100℃。农艺性状表型精准鉴定时间为4月16日播种，5月17日插秧。该种质始穗期为8月7日，抽穗期为8月9日，齐穗期为8月10日，抽穗天数115天；株高144.9cm，穗长19.4cm，平均穗数13.5个，穗颈长7.0cm，穗下第一节间长34.4cm，剑叶长25.3cm，剑叶宽1.1cm，剑叶长宽比为23.0，平均穗粒数93.3个，结实率98.6%，谷粒长7.3mm，谷粒宽2.9mm，谷粒长宽比为2.6，千粒重25.3g；茎集散程度为中间型，叶色为绿色，谷粒形状长，穗型为中间型，落粒性极低，芒长特长，芒色为白色，芒分布多，种皮为白色，实测评估产量为286.7千克/亩。

◆ **抗病性**

叶瘟S。

烂地糯

◆ **种质来源**

云南省。

◆ **形态和生物学特性**

该种质属粳亚种糯性水稻，感光性强，感温性强，基本营养生长期较长。生育期145天左右，需活动积温≥2900℃。农艺性状表型精准鉴定时间为4月16日播种，5月17日插秧。该种质始穗期为8月5日，抽穗期为8月7日，齐穗期为8月9日，抽穗天数113天；株高103.4cm，穗长16.4cm，平均穗数12.9个，穗颈长6.2cm，穗下第一节间长29.2cm，剑叶长18.1cm，剑叶宽1.4cm，

剑叶长宽比为12.9，平均穗粒数109.2个，结实率99.5%，谷粒长7.0mm，谷粒宽3.0mm，谷粒长宽比为2.4，千粒重27.2g；茎集散程度为中间型，叶色为浅绿色，谷粒形状长，穗型为密集型，落粒性极低，芒长无，芒色无，芒分布无，种皮为白色，实测评估产量为396.6千克/亩。

◆ **抗病性**

叶瘟R。

老光头

◆ **种质来源**

吉林省。

◆ **形态和生物学特性**

该种质属粳亚种黏性水稻，感光性弱，感温性中等偏强，基本营养生长期短。生育期125天左右，需活动积温≥2100℃。农艺性状表型精准鉴定时间为4月16日播种，5月17日插秧。该种质始穗期为7月13日，抽穗期为7月15日，齐穗期为7月17日，抽穗天数90天；株高109.5cm，穗长19.9cm，平均穗数10.9个，穗颈长12.3cm，穗下第一节间长39.7cm，剑叶长25.4cm，剑叶宽1.4cm，剑叶长宽比为18.1，平均穗粒数158.6个，结实率65.3%，谷粒长8.7mm，谷粒宽2.2mm，谷粒长宽比为2.2，千粒重18.1g；茎集散程度为中间型，叶色为绿色，谷粒形状长，穗型为中间型，落粒性极低，芒长中，芒色为秆黄色，芒分布多，种皮为白色，实测评估产量为363.1千克/亩。

◆ **抗病性**

叶瘟R。

老人稻

◆ **种质来源**

吉林省。

◆ **形态和生物学特性**

该种质属粳亚种黏性水稻，感光性弱，感温性中等偏强，基本营养生长期短。生育期125天左右，需活动积温≥2100℃。农艺性状表型精准鉴定时间为4月16日播种，5月17日插秧。该种质始穗期为7月11日，抽穗期为7月13日，齐穗期为7月15日，抽穗天数88天；株高100.0cm，穗长19.0cm，平均穗数13.0个，穗颈长15.4cm，穗下第一节间长42.6cm，剑叶长27.2cm，剑叶宽1.4cm，剑叶长宽比为19.4，平均穗粒数70.9个，结实率88.2%，谷粒长9.1mm，谷粒宽2.4mm，谷粒长宽比为2.4，千粒重28.1g；茎集散程度为中间型，叶色为绿色，谷粒形状长，穗型为中间型，落粒性中，芒长特长，芒色为褐色，芒分布多，种皮为白色，实测评估产量为238.9千克/亩。

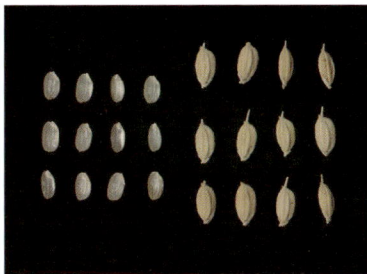

◆ **抗病性**

叶瘟MS。

老头稻

◆ **种质来源**

黑龙江省。

◆ **形态和生物学特性**

该种质属粳亚种黏性水稻，感光性弱，感温性中等偏强，基本营养生长期短。生育期125天左右，需活动积温≥2100℃。农艺性状表型精准鉴定时间为4月16日播种，5月17日插秧。该种质始穗期为7月15日，抽穗期为7月17日，齐穗期为7月19日，抽穗天数92天；株高103.8cm，穗长17.5cm，平均穗数10.4个，穗颈长9.8cm，穗下第一节间长39.0cm，剑叶长29.1cm，剑叶宽1.6cm，剑叶长宽比为18.2，平均穗粒数156.2个，结实率96.5%，谷粒长6.6mm，谷粒宽3.1mm，谷粒长宽比为2.2，千粒重29.4g；茎集散程度为中间型，叶色为浅绿色，谷粒形状长，穗型为中间型，落粒性极低，芒长中，芒色为黄色，芒分布中，种皮为白色，实测评估产量为525.6千克/亩。

◆ **抗病性**

叶瘟S。

莲弥15号

◆ **种质来源**

辽宁省。

◆ **形态和生物学特性**

该种质属粳亚种黏性水稻，感光性强，感温性强，基本营养生长期较长。生育期145天左右，需活动积温≥2900℃。农艺性状表型精准鉴定时间为4月16日播种，5月17日插秧。该种质始穗期为8月4日，抽穗期为8月6日，齐穗期为8月8日，抽穗天数112天；株高115.9cm，穗长18.1cm，平均穗数18.9个，穗颈长12.5cm，穗下第一节间长39.9cm，剑叶长25.0cm，剑叶宽1.2cm，剑叶长宽比为20.8，平均穗粒数108.8个，结实率65.1%，谷粒长9.2mm，谷粒宽2.2mm，谷粒长宽比为2.2，千粒重17.9g；茎集散程度为中间型，叶色为绿色，谷粒形状长，穗型为中间型，落粒性极低，芒长无，芒色无，芒分布无，种皮为白色，实测评估产量为525.6千克/亩。

◆ **抗病性**

叶瘟R。

辽宁白大肚

◆ **种质来源**

辽宁省。

◆ **形态和生物学特性**

该种质属粳亚种黏性水稻，感光性强，感温性强，基本营养生长期长。生育期150天以上，需活动积温≥3100℃。农艺性状表型精准鉴定时间为4月16日播种，5月17日插秧。该种质始穗期为8月4日，抽穗期为8月8日，齐穗期为8月10日，抽穗天数114天；株高141.1cm，穗长21.6cm，平均穗数16.0个，穗颈长7.7cm，穗下第一节间长35.7cm，剑叶长26.7cm，剑叶宽1.4cm，剑叶长宽比为19.1，平均穗粒数99.3个，结实率71.1%，谷粒长10.1mm，谷粒宽2.4mm，谷粒长宽比为2.4，千粒重25.2g；茎集散程度为中间型，叶色为浅黄色，谷粒形状长，穗型为中间型，落粒性极低，芒长中，芒色为秆黄色，芒分布稀，种皮为白色，实测评估产量为324.9千克/亩。

◆ **抗病性**

叶瘟MS。

辽宁光头

◆ **种质来源**

辽宁省。

◆ **形态和生物学特性**

该种质属粳亚种黏性水稻，感光性中等，感温性中等偏弱，基本营养生长期长度中等。生育期135天左右，需活动积温≥2500℃。农艺性状表型精准鉴定时间为4月16日播种，5月17日插秧。该种质始穗期为7月25日，抽穗期为7月27日，齐穗期为7月30日，抽穗天数102天；株高152.4cm，穗长23.5cm，平均穗数12.9个，穗颈长7.7cm，穗下第一节间长39.0cm，剑叶长32.3cm，剑叶宽1.6cm，剑叶长宽比为20.2，平均穗粒数89.0个，结实率95.4%，谷粒长7.5mm，谷粒宽3.2mm，谷粒长宽比为2.4，千粒重28.8g；茎集散程度为直立型，叶色为绿色，谷粒形状长，穗型为中间型，落粒性中，芒长长，芒色为黄色，芒分布稀，种皮为红色，实测评估产量为315.3千克/亩。

◆ **抗病性**

叶瘟S。

辽宁旱稻1

◆ **种质来源**

辽宁省。

◆ **形态和生物学特性**

该种质属粳亚种黏性旱稻，感光性强，感温性强，基本营养生长期长。生育期150天以上，需活动积温≥3200℃。农艺性状表型精准鉴定时间为4月16日播种，5月17日插秧。该种质始穗期为8月22日，抽穗期为8月25日，齐穗期为8月28日，抽穗天数131天；株高117.3cm，穗长21.2cm，平均穗数19.5个，穗颈长6.6cm，穗下第一节间长35.3cm，剑叶长37.1cm，剑叶宽1.4cm，剑叶长宽比为26.5，平均穗粒数79.6个，结实率90.5%，谷粒长9.2mm，谷粒宽2.3mm，谷粒长宽比为2.3，千粒重19.7g；茎集散程度为中间型，叶色为绿色，谷粒形状长，穗型为中间型，落粒性极低，芒长特长，芒色为黄色，芒分布多，种皮为绿色，实测评估产量为267.6千克/亩。

◆ **抗病性**

叶瘟MS。

辽宁旱稻2

◆ **种质来源**

辽宁省。

◆ **形态和生物学特性**

该种质属粳亚种黏性旱稻，感光性强，感温性强，基本营养生长期较长。生育期145天左右，需活动积温≥2900℃。农艺性状表型精准鉴定时间为4月16日播种，5月17日插秧。该种质始穗期为8月1日，抽穗期为8月4日，齐穗期为8月9日，抽穗天数110天；株高154.6cm，穗长25.5cm，平均穗数9.5个，穗颈长6.1cm，穗下第一节间长41.4cm，剑叶长37.9cm，剑叶宽1.3cm，剑叶长宽比为29.2，平均穗粒数74.7个，结实率91.0%，谷粒长10.3mm，谷粒宽2.7mm，谷粒长宽比为2.7，千粒重31.8g；茎集散程度为中间型，叶色为浅黄色，谷粒形状长，穗型为中间型，落粒性极低，芒长特长，芒色为黄色，芒分布多，种皮为红色，实测评估产量为281.9千克/亩。

◆ **抗病性**

叶瘟MS。

辽宁旱稻3

◆ **种质来源**

辽宁省。

◆ **形态和生物学特性**

该种质属粳亚种黏性旱稻，感光性强，感温性强，基本营养生长期长。生育期150天以上，需活动积温≥3100℃。农艺性状表型精准鉴定时间为4月16日播种，5月17日插秧。该种质始穗期为8月7日，抽穗期为8月10日，齐穗期为8月13日，抽穗天数116天；株高147.8cm，穗长24.8cm，平均穗数11.9个，穗颈长8.8cm，穗下第一节间长42.8cm，剑叶长33.7cm，剑叶宽1.5cm，剑叶长宽比为22.5，平均穗粒数83.0个，结实率69.2%，谷粒长10.4mm，谷粒宽2.4mm，谷粒长宽比为2.4，千粒重26.7g；茎集散程度为直立型，叶色为浅黄色，谷粒形状长，穗型为散开型，落粒性极低，芒长无，芒色无，芒分布无，种皮为红色，实测评估产量为310.6千克/亩。

◆ **抗病性**

叶瘟S。

辽宁旱稻4

◆ **种质来源**

辽宁省。

◆ **形态和生物学特性**

该种质属粳亚种黏性旱稻，感光性强，感温性强，基本营养生长期较长。生育期145天左右，需活动积温≥2900℃。农艺性状表型精准鉴定时间为4月16日播种，5月17日插秧。该种质始穗期为8月1日，抽穗期为8月4日，齐穗期为8月6日，抽穗天数110天；株高142.8cm，穗长25.8cm，平均穗数10.2个，穗颈长4.3cm，穗下第一节间长38.4cm，剑叶长29.9cm，剑叶宽1.4cm，剑叶长宽比为21.4，平均穗粒数71.0个，结实率91.8%，谷粒长9.3mm，谷粒宽2.1mm，谷粒长宽比为2.1，千粒重29.9g；茎集散程度为中间型，叶色为绿色，谷粒形状为椭圆，穗型为中间型，落粒性极低，芒长特长，芒色为黑色，芒分布多，种皮为红色，实测评估产量为324.9千克/亩。

◆ **抗病性**

叶瘟MS。

辽宁旱稻子

◆ **种质来源**

辽宁省。

◆ **形态和生物学特性**

该种质属粳亚种黏性旱稻，感光性较强，感温性较强，基本营养生长期中等偏长。生育期140天左右，需活动积温≥2700℃。农艺性状表型精准鉴定时间为4月16日播种，5月17日插秧。该种质始穗期为7月30日，抽穗期为8月1日，齐穗期为8月3日，抽穗天数107天；株高133.2cm，穗长22.3cm，平均穗数8.0个，穗颈长11.6cm，穗下第一节间长41.4cm，剑叶长27.0cm，剑叶宽1.5cm，

剑叶长宽比为18.0，平均穗粒数104.0个，结实率89.7%，谷粒长9.4mm，谷粒宽2.1mm，谷粒长宽比为2.1，千粒重25.8g；茎集散程度为中间型，叶色为绿色，谷粒形状为椭圆，穗型为中间型，落粒性极低，芒长短，芒色为秆黄色，芒分布稀，种皮为红色，实测评估产量为363.1千克/亩。

◆ **抗病性**

叶瘟S。

辽宁红毛稻1

◆ **种质来源**

辽宁省。

◆ **形态和生物学特性**

该种质属粳亚种黏性水稻，感光性强，感温性强，基本营养生长期较长。生育期145天左右，需活动积温≥2900℃。农艺性状表型精准鉴定时间为4月16日播种，5月17日插秧。该种质始穗期为8月2日，抽穗期为8月4日，齐穗期为8月6日，抽穗天数110天；株高134.9cm，穗长17.6cm，平均穗数12.0个，穗颈长4.3cm，穗下第一节间长31.1cm，剑叶长25.0cm，剑叶宽1.2cm，剑叶长宽比为20.8，平均穗粒数81.5个，结实率87.4%，谷粒长9.2mm，谷粒宽2.2mm，谷粒长宽比为2.2，千粒重26.1g；茎集散程度为直立型，叶色为绿色，谷粒形状长，穗型为中间型，落粒性中，芒长特长，芒色为褐色，芒分布多，种皮为白色，实测评估产量为286.7千克/亩。

◆ **抗病性**

叶瘟S。

辽宁红毛稻2

◆ **种质来源**

辽宁省。

◆ **形态和生物学特性**

该种质属粳亚种糯性水稻，感光性强，感温性强，基本营养生长期长。生育期150天以上，需活动积温≥3100℃。农艺性状表型精准鉴定时间为4月16日播种，5月17日插秧。该种质始穗期为8月7日，抽穗期为8月10日，齐穗期为8月13日，抽穗天数116天；株高157.9cm，穗长22.1cm，平均穗数13.2个，穗颈长4.8cm，穗下第一节间长36.0cm，剑叶长33.6cm，剑叶宽1.4cm，剑叶长宽比为24.0，平均穗粒数79.6个，结实率97.0%，谷粒长10.3mm，谷粒宽2.3mm，谷粒长宽比为2.3，千粒重32.6g；茎集散程度为直立型，叶色为绿色，谷粒形状长，穗型为中间型，落粒性极低，芒长特长，芒色为秆黄色，芒分布多，种皮为白色，实测评估产量为215.0千克/亩。

◆ **抗病性**

叶瘟S。

辽宁红毛子

◆ **种质来源**

辽宁省。

◆ **形态和生物学特性**

该种质属粳亚种黏性水稻，感光性强，感温性强，基本营养生长期长。生育期150天以上，需活动积温≥3200℃。农艺性状表型精准鉴定时间为4月16日播种，5月17日插秧。该种质始穗期为8月27日，抽穗期为8月30日，齐穗期为9月1日，抽穗天数136天；株高133.9cm，穗长17.6cm，平均穗数13.0个，穗颈长4.4cm，穗下第一节间长33.3cm，剑叶长25.2cm，剑叶宽1.24cm，剑叶长宽比为21.0，平均穗粒数119.9个，结实率9.7%，谷粒长8.3mm，谷粒宽2.2mm，谷粒长宽比为2.2，千粒重12.9g；茎集散程度为中间型，叶色为浅黄色，谷粒形状长，穗型为散开型，落粒性极低，芒长特长，芒色为褐色，芒分布无，种皮为白色，实测评估产量为186.3千克/亩。

◆ **抗病性**

叶瘟MS。

辽宁黄毛稻1

◆ **种质来源**

辽宁省。

◆ **形态和生物学特性**

该种质属粳亚种黏性水稻，感光性强，感温性强，基本营养生长期较长。生育期145天左右，需活动积温≥2900℃。农艺性状表型精准鉴定时间为4月16日播种，5月17日插秧。该种质始穗期为8月3日，抽穗期为8月6日，齐穗期为8月8日，抽穗天数112天；株高113.8cm，穗长20.3cm，平均穗数15.5个，穗颈长1.5cm，穗下第一节间长30.9cm，剑叶长23.7cm，剑叶宽1.4cm，剑叶长宽比为16.9，平均穗粒数79.1个，结实率16.3%，谷粒长8.9mm，谷粒宽2.3mm，谷粒长宽比为2.3，千粒重23.5g；茎集散程度为中间型，叶色为浅黄色，谷粒形状长，穗型为中间型，落粒性中，芒长特长，芒色为黄色，芒分布多，种皮为红色，实测评估产量为258.0千克/亩。

◆ **抗病性**

叶瘟MS。

辽宁黄毛稻2

◆ **种质来源**

辽宁省。

◆ **形态和生物学特性**

该种质属粳亚种黏性水稻,感光性强,感温性强,基本营养生长期长。生育期150天以上,需活动积温≥3100℃。农艺性状表型精准鉴定时间为4月16日播种,5月17日插秧。该种质始穗期为8月8日,抽穗期为8月10日,齐穗期为8月13日,抽穗天数116天;株高159.0cm,穗长23.0cm,平均穗数11.7个,穗颈长2.8cm,穗下第一节间长33.0cm,剑叶长31.4cm,剑叶宽1.4cm,剑叶长宽比为22.4,平均穗粒数96.0个,结实率97.3%,谷粒长10.4mm,谷粒宽2.3mm,谷粒长宽比为2.3,千粒重31.6g;茎集散程度为直立型,叶色为绿色,谷粒形状长,穗型为散开型,落粒性极低,芒长特长,芒色为秆黄色,芒分布多,种皮为白色,实测评估产量为277.1千克/亩。

◆ **抗病性**

叶瘟S。

辽宁黄毛稻3

◆ **种质来源**

辽宁省。

◆ **形态和生物学特性**

该种质属粳亚种黏性水稻，感光性强，感温性强，基本营养生长期长。生育期150天以上，需活动积温≥3100℃。农艺性状表型精准鉴定时间为4月16日播种，5月17日插秧。该种质始穗期为8月6日，抽穗期为8月8日，齐穗期为8月10日，抽穗天数114天；株高150.9cm，穗长22.5cm，平均穗数13.6个，穗颈长9.1cm，穗下第一节间长39.3cm，剑叶长31.9cm，剑叶宽1.4cm，剑叶长宽比为22.8，平均穗粒数70.2个，结实率90.5%，谷粒长10.5mm，谷粒宽2.5mm，谷粒长宽比为2.5，千粒重30.8g；茎集散程度为中间型，叶色为绿色，谷粒形状长，穗型为中间型，落粒性低，芒长无，芒色无，芒分布无，种皮为红色，实测评估产量为267.6千克/亩。

◆ **抗病性**

叶瘟R。

辽宁黄毛稻子

◆ **种质来源**

辽宁省。

◆ **形态和生物学特性**

该种质属粳亚种黏性水稻，感光性较弱，感温性中等，基本营养生长期中等偏短。生育期130天左右，需活动积温≥2300℃。农艺性状表型精准鉴定时间为4月16日播种，5月17日插秧。该种质始穗期为7月20日，抽穗期为7月22日，齐穗期为7月24日，抽穗天数97天；株高116.8cm，穗长20.2cm，平均穗数11.6个，穗颈长4.7cm，穗下第一节间长35.8cm，剑叶长27.2cm，剑叶宽1.7cm，剑叶长宽比为16.0，平均穗粒数151.8个，结实率89.2%，谷粒长9.4mm，谷粒宽2.3mm，谷粒长宽比为2.3，千粒重25.4g；茎集散程度为中间型，叶色为绿色，谷粒形状长，穗型为散开型，落粒性极低，芒长特长，芒色为秆黄色，芒分布多，种皮为红色，实测评估产量为324.9千克/亩。

◆ **抗病性**

叶瘟S。

辽宁石狩白毛

◆ **种质来源**

辽宁省。

◆ **形态和生物学特性**

该种质属粳亚种黏性水稻，感光性中等，感温性中等偏弱，基本营养生长期长度中等。生育期135天左右，需活动积温≥2500℃。农艺性状表型精准鉴定时间为4月16日播种，5月17日插秧。该种质始穗期为7月26日，抽穗期为7月28日，齐穗期为7月30日，抽穗天数103天；株高108.4cm，穗长17.6cm，平均穗数13.8个，穗颈长10.8cm，穗下第一节间长37.6cm，剑叶长20.3cm，剑叶宽1.4cm，剑叶长宽比为14.5，平均穗粒数121.5个，结实率80.5%，谷粒长8.8mm，谷粒宽2.1mm，谷粒长宽比为2.1，千粒重23.8g；茎集散程度为中间型，叶色为绿色，谷粒形状为椭圆，穗型为中间型，落粒性极低，芒长中，芒色为黄色，芒分布稀，种皮为白色，实测评估产量为463.4千克/亩。

◆ **抗病性**

叶瘟MS。

辽宁兴亚

◆ **种质来源**

辽宁省。

◆ **形态和生物学特性**

该种质属粳亚种黏性水稻，感光性强，感温性强，基本营养生长期长。生育期150天以上，需活动积温≥3100℃。农艺性状表型精准鉴定时间为4月16日播种，5月17日插秧。该种质始穗期为8月7日，抽穗期为8月9日，齐穗期为8月10日，抽穗天数115天；株高129.0cm，穗长18.9cm，平均穗数14.3个，穗颈长11.8cm，穗下第一节间长40.5cm，剑叶长24.1cm，剑叶宽1.1cm，

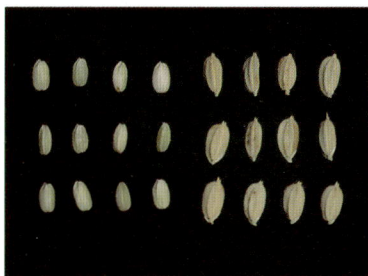

剑叶长宽比为21.9，平均穗粒数100.0个，结实率62.2%，谷粒长9.3mm，谷粒宽2.2mm，谷粒长宽比为2.2，千粒重16.3g；茎集散程度为中间型，叶色为浅黄色，谷粒形状长，穗型为中间型，落粒性极低，芒长无，芒色无，芒分布无，种皮为白色，实测评估产量为463.4千克/亩。

◆ **抗病性**

叶瘟MS。

辽阳5号

◆ **种质来源**

辽宁省。

◆ **形态和生物学特性**

该种质属粳亚种黏性水稻，感光性强，感温性强，基本营养生长期长。生育期150天以上，需活动积温≥3300℃。农艺性状表型精准鉴定时间为4月16日播种，5月17日插秧。该种质始穗期为8月31日，抽穗期为9月3日，齐穗期为9月6日，抽穗天数140天；株高71.1cm，穗长18.9cm，平均穗数12.4个，穗颈长12.3cm，穗下第一节间长32.7cm，剑叶长20.5cm，剑叶宽1.4cm，剑叶长宽比为14.0，平均穗粒数84.2个，结实率59.3%，谷粒长9.5mm，谷粒宽2.3mm，谷粒长宽比为2.3，千粒重14.7g；茎集散程度为中间型，叶色为浅绿色，谷粒形状长，穗型为中间型，落粒性极低，芒长无，芒色无，芒分布无，种皮为白色，实测评估产量为162.4千克/亩。

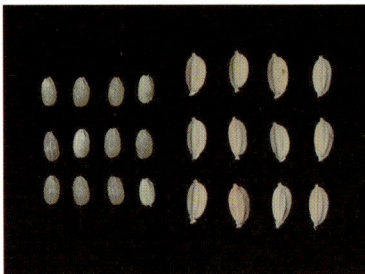

◆ **抗病性**

叶瘟R。

隆化大红袍

◆ **种质来源**

河北省。

◆ **形态和生物学特性**

该种质属粳亚种黏性水稻，感光性较弱，感温性中等，基本营养生长期中等偏短。生育期130天左右，需活动积温≥2300℃。农艺性状表型精准鉴定时间为4月16日播种，5月17日插秧。该种质始穗期为7月21日，抽穗期为7月23日，齐穗期为7月25日，抽穗天数98天；株高115.6cm，穗长19.3cm，平均穗数12.2个，穗颈长5.0cm，穗下第一节间长35.4cm，剑叶长27.1cm，剑叶宽1.3cm，剑叶长宽比为20.8，平均穗粒数70.3个，结实率97.0%，谷粒长6.1mm，谷粒宽2.5mm，谷粒长宽比为2.5，千粒重40.7g；茎集散程度为中间型，叶色为浅黄色，谷粒形状长，穗型为散开型，落粒性低，芒长中，芒色为褐色，芒分布少，种皮为白色，实测评估产量为339.2千克/亩。

◆ **抗病性**

叶瘟MS。

隆化京租

◆ **种质来源**

河北省。

◆ **形态和生物学特性**

该种质属粳亚种黏性水稻，感光性中等，感温性中等偏弱，基本营养生长期长度中等。生育期135天左右，需活动积温≥2500℃。农艺性状表型精准鉴定时间为4月16日播种，5月17日插秧。该种质始穗期为7月26日，抽穗期为7月28日，齐穗期为7月29日，抽穗天数103天；株高134.0cm，穗长18.9cm，平均穗数13.1个，穗颈长7.0cm，穗下第一节间长35.8cm，剑叶长20.7cm，剑叶宽1.3cm，剑叶长宽比为15.9，平均穗粒数76.9个，结实率99.9%，谷粒长6.8mm，谷粒宽2.7mm，谷粒长宽比为2.6，千粒重26.9g；茎集散程度为直立型，叶色为浅黄色，谷粒形状长，穗型为散开型，落粒性极低，芒长长，芒色为黄色，芒分布多，种皮为白色，实测评估产量为291.4千克/亩。

◆ **抗病性**

叶瘟S。

隆化毛葫芦1

◆ **种质来源**

河北省。

◆ **形态和生物学特性**

该种质属粳亚种黏性水稻，感光性中等，感温性中等偏弱，基本营养生长期长度中等。生育期135天左右，需活动积温≥2500℃。农艺性状表型精准鉴定时间为4月16日播种，5月17日插秧。该种质始穗期为7月22日，抽穗期为7月24日，齐穗期为7月26日，抽穗天数99天；株高114.3cm，穗长19.8cm，平均穗数12.6个，穗颈长8.1cm，穗下第一节间长38.8cm，剑叶长30.3cm，剑叶宽1.5cm，剑叶长宽比为20.2，平均穗粒数80.2个，结实率93.1%，谷粒长6.9mm，谷粒宽3.3mm，谷粒长宽比为2.1，千粒重33.4g；茎集散程度为直立型，叶色为绿色，谷粒形状为椭圆，穗型为中间型，落粒性极高，芒长中，芒色为褐色，芒分布多，种皮为红色，实测评估产量为315.3千克/亩。

◆ **抗病性**

叶瘟S。

隆化毛葫芦2

◆ **种质来源**

河北省。

◆ **形态和生物学特性**

该种质属粳亚种黏性水稻，感光性较强，感温性较强，基本营养生长期中等偏长。生育期140天左右，需活动积温≥2700℃。农艺性状表型精准鉴定时间为4月16日播种，5月17日插秧。该种质始穗期为7月27日，抽穗期为7月30日，齐穗期为8月1日，抽穗天数105天；株高147.6cm，穗长20.2cm，平均穗数10.7个，穗颈长9.4cm，穗下第一节间长42.0cm，剑叶长24.2cm，剑叶宽1.2cm，剑叶长宽比为20.2，平均穗粒数126.0个，结实率81.0%，谷粒长6.9mm，谷粒宽3.0mm，谷粒长宽比为2.3，千粒重27.4g；茎集散程度为中间型，叶色为浅黄色，谷粒形状长，穗型为中间型，落粒性极低，芒长特长，芒色为黄色，芒分布多，种皮为白色，实测评估产量为358.3千克/亩。

◆ **抗病性**

叶瘟MS。

芦苇稻

◆ **种质来源**

吉林省。

◆ **形态和生物学特性**

该种质属粳亚种黏性水稻，感光性中等，感温性中等偏弱，基本营养生长期长度中等。生育期135天左右，需活动积温≥2500℃。农艺性状表型精准鉴定时间为4月16日播种，5月17日插秧。该种质始穗期为7月25日，抽穗期为7月26日，齐穗期为7月27日，抽穗天数101天；株高151.0cm，穗长20.9cm，平均穗数9.5个，穗颈长14.8cm，穗下第一节间长50.0cm，剑叶长28.6cm，剑叶宽1.4cm，剑叶长宽比为20.4，平均穗粒数164.8个，结实率77.6%，谷粒长9.0mm，谷粒宽2.0mm，谷粒长宽比为2.0，千粒重25.6g；茎集散程度为中间型，叶色为绿色，谷粒形状为椭圆，穗型为中间型，落粒性极低，芒长中，芒色为黄色，芒分布多，种皮为红色，实测评估产量为372.7千克/亩。

◆ **抗病性**

叶瘟S。

陆稻

◆ **种质来源**

内蒙古自治区。

◆ **形态和生物学特性**

该种质属粳亚种黏性旱稻，感光性强，感温性强，基本营养生长期长。生育期150天以上，需活动积温≥3100℃。农艺性状表型精准鉴定时间为4月16日播种，5月17日插秧。该种质始穗期为8月8日，抽穗期为8月11日，齐穗期为8月13日，抽穗天数117天；株高143.9cm，穗长21.9cm，平均穗数17.3个，穗颈长7.8cm，穗下第一节间长38.3cm，剑叶长34.2cm，剑叶宽1.2cm，剑叶长宽比为28.5，平均穗粒数87.6个，结实率91.4%，谷粒长7.3mm，谷粒宽2.9mm，谷粒长宽比为2.5，千粒重23.2g；茎集散程度为直立型，叶色为绿色，谷粒形状长，穗型为中间型，落粒性极低，芒长中，芒色为褐色，芒分布少，种皮为白色，实测评估产量为305.8千克/亩。

◆ **抗病性**

叶瘟S。

陆羽132-1

◆ **种质来源**

　　吉林省。

◆ **形态和生物学特性**

　　该种质属粳亚种黏性水稻，感光性较强，感温性较强，基本营养生长期中等偏长。生育期140天左右，需活动积温≥2700℃。农艺性状表型精准鉴定时间为4月16日播种，5月17日插秧。该种质始穗期为7月28日，抽穗期为7月30日，齐穗期为7月31日，抽穗天数105天；株高131.4cm，穗长21.9cm，平均穗数12.6个，穗颈长6.7cm，穗下第一节间长41.1cm，剑叶长31.0cm，剑叶宽1.5cm，剑叶长宽比为20.7，平均穗粒数135.8个，结实率73.7%，谷粒长8.8mm，谷粒宽2.2mm，谷粒长宽比为2.2，千粒重17.4g；茎集散程度为中间型，叶色为绿色，谷粒形状长，穗型为中间型，落粒性极低，芒长短，芒色为秆黄色，芒分布稀，种皮为白色，实测评估产量为415.7千克/亩。

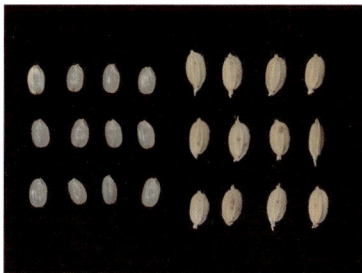

◆ **抗病性**

　　叶瘟MS。

陆羽132号

◆ **种质来源**

辽宁省。

◆ **形态和生物学特性**

该种质属粳亚种黏性水稻，感光性强，感温性强，基本营养生长期较长。生育期145天左右，需活动积温≥2900℃。农艺性状表型精准鉴定时间为4月16日播种，5月17日插秧。该种质始穗期为8月3日，抽穗期为8月5日，齐穗期为8月7日，抽穗天数111天；株高124.5cm，穗长17.3cm，平均穗数14.8个，穗颈长13.4cm，穗下第一节间长40.1cm，剑叶长21.0cm，剑叶宽1.2cm，剑叶长宽比为17.5，平均穗粒数98.9个，结实率69.6%，谷粒长9.0mm，谷粒宽2.1mm，谷粒长宽比为2.1，千粒重18.1g；茎集散程度为中间型，叶色为绿色，谷粒形状为椭圆，穗型为中间型，落粒性极低，芒长无，芒色无，芒分布无，种皮为白色，实测评估产量为544.7千克/亩。

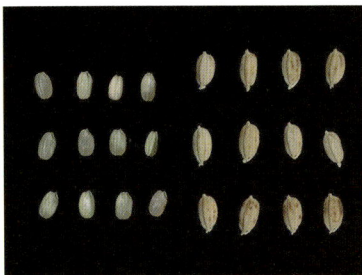

◆ **抗病性**

叶瘟MR。

鹿子谷

◆ **种质来源**

云南省。

◆ **形态和生物学特性**

该种质属粳亚种黏性水稻，感光性强，感温性强，基本营养生长期长。生育期160天以上，需活动积温＞4000℃。农艺性状表型精准鉴定时间为4月16日播种，5月17日插秧。该种质始穗期晚于9月20日；株高85.8cm，穗长22.5cm，平均穗数6.3个，穗颈长2.8cm，穗下第一节间长24.8cm，剑叶长47.0cm，剑叶宽2.1cm，剑叶长宽比为22.4，茎集散程度为中间型，叶色为深绿色，谷粒形状为椭圆，穗型为中间型，落粒性低，芒长无，芒色无，芒分布无，未能在吉林省自然条件下正常成熟。

◆ **抗病性**

叶瘟R。

滦平大黄皮

◆ **种质来源**

河北省。

◆ **形态和生物学特性**

该种质属粳亚种黏性水稻，感光性中等，感温性中等偏弱，基本营养生长期长度中等。生育期135天左右，需活动积温≥2500℃。农艺性状表型精准鉴定时间为4月16日播种，5月17日插秧。该种质始穗期为7月24日，抽穗期为7月26日，齐穗期为7月27日，抽穗天数101天；株高134.2cm，穗长19.5cm，平均穗数13.2个，穗颈长9.6cm，穗下第一节间长40.3cm，剑叶长24.3cm，剑叶宽1.2cm，剑叶长宽比为20.3，平均穗粒数107.0个，结实率88.5%，谷粒长6.8mm，谷粒宽2.8mm，谷粒长宽比为2.5，千粒重26.3g；茎集散程度为中间型，叶色为绿色，谷粒形状长，穗型为中间型，落粒性低，芒长无，芒色无，芒分布无，种皮为白色，实测评估产量为348.8千克/亩。

◆ **抗病性**

叶瘟MS。

滦平无名2

◆ **种质来源**

河北省。

◆ **形态和生物学特性**

该种质属粳亚种黏性水稻，感光性强，感温性强，基本营养生长期长。生育期150天以上，需活动积温≥3100℃。农艺性状表型精准鉴定时间为4月16日播种，5月17日插秧。该种质始穗期为8月24日，抽穗期为8月26日，齐穗期为8月28日，抽穗天数132天；株高123.1cm，穗长17.2cm，平均穗数13.1个，穗颈长10.8cm，穗下第一节间长38.9cm，剑叶长20.9cm，剑叶宽1.3cm，剑叶长宽比为16.1，平均穗粒数93.9个，结实率93.9%，谷粒长6.5mm，谷粒宽2.9mm，谷粒长宽比为2.3，千粒重24.4g；茎集散程度为中间型，叶色为绿色，谷粒形状长，穗型为散开型，落粒性低，芒长无，芒色无，芒分布无，种皮为白色，实测评估产量为348.8千克/亩。

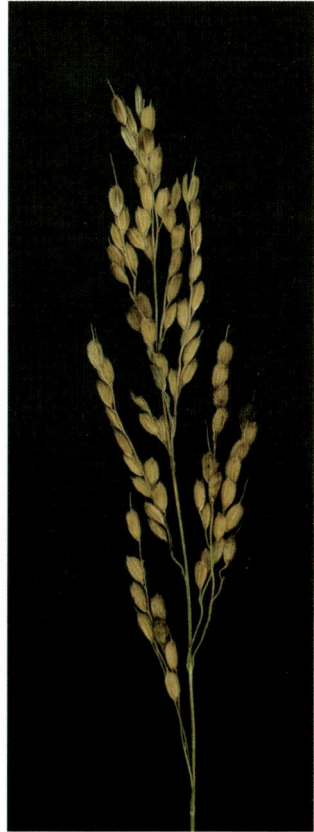

◆ **抗病性**

叶瘟R。

滦平小白稻子

◆ **种质来源**

河北省。

◆ **形态和生物学特性**

该种质属粳亚种黏性水稻，感光性较弱，感温性中等，基本营养生长期中等偏短。生育期130天左右，需活动积温≥2300℃。农艺性状表型精准鉴定时间为4月16日播种，5月17日插秧。该种质始穗期为7月21日，抽穗期为7月23日，齐穗期为7月25日，抽穗天数98天；株高112.6cm，穗长19.2cm，平均穗数10.5个，穗颈长10.2cm，穗下第一节间长39.0cm，剑叶长25.0cm，剑叶宽1.5cm，剑叶长宽比为16.7，平均穗粒数128.2个，结实率94.9%，谷粒长6.5mm，谷粒宽3.2mm，谷粒长宽比为2.1，千粒重29.0g；茎集散程度为中间型，叶色为绿色，谷粒形状为椭圆，穗型为散开型，落粒性极低，芒长中，芒色无，芒分布无，种皮为白色，实测评估产量为410.9千克/亩。

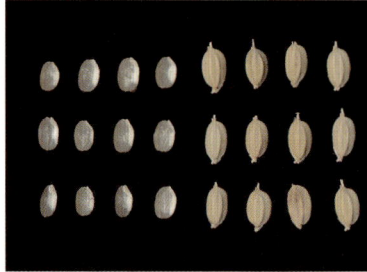

◆ **抗病性**

叶瘟S。

满大路

◆ **种质来源**

吉林省。

◆ **形态和生物学特性**

该种质属粳亚种黏性水稻，感光性较强，感温性较强，基本营养生长期中等偏长。生育期140天左右，需活动积温≥2700℃。农艺性状表型精准鉴定时间为4月16日播种，5月17日插秧。该种质始穗期为7月28日，抽穗期为7月30日，齐穗期为8月1日，抽穗天数105天；株高148.7cm，穗长21.1cm，平均穗数11.0个，穗颈长12.8cm，穗下第一节间长46.1cm，剑叶长25.5cm，剑叶宽1.5cm，

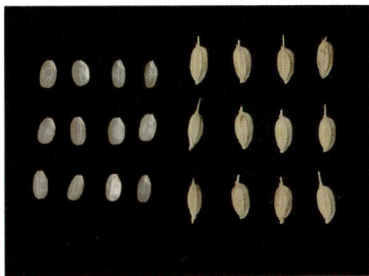

剑叶长宽比为17.0，平均穗粒数121.1个，结实率82.8%，谷粒长9.1mm，谷粒宽2.4mm，谷粒长宽比为2.4，千粒重21.8g；茎集散程度为中间型，叶色为绿色，谷粒形状长，穗型为散开型，落粒性极低，芒长特长，芒色为秆黄色，芒分布多，种皮为白色，实测评估产量为339.2千克/亩。

◆ **抗病性**

叶瘟MS。

蒙古在来二

◆ **种质来源**

内蒙古自治区。

◆ **形态和生物学特性**

该种质属粳亚种黏性水稻，感光性弱，感温性中等偏强，基本营养生长期短。生育期125天左右，需活动积温≥2100℃。农艺性状表型精准鉴定时间为4月16日播种，5月17日插秧。该种质始穗期为7月13日，抽穗期为7月15日，齐穗期为7月15日，抽穗天数90天；株高104.9cm，穗长15.6cm，平均穗数12.7个，穗颈长7.5cm，穗下第一节间长32.7cm，剑叶长26.6cm，剑叶宽1.5cm，剑叶长宽比为17.7，平均穗粒数147.9个，结实率95.9%，谷粒长6.0mm，谷粒宽3.1mm，谷粒长宽比为1.9，千粒重24.7g；茎集散程度为中间型，叶色为浅绿色，谷粒形状为椭圆，穗型为中间型，落粒性极低，芒长中，芒色为红色，芒分布稀，种皮为白色，实测评估产量为334.4千克/亩。

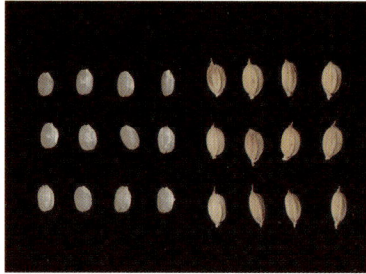

◆ **抗病性**

叶瘟HS。

蒙古在来一

◆ **种质来源**

内蒙古自治区。

◆ **形态和生物学特性**

该种质属粳亚种糯
性水稻，感光性较弱，
感温性中等，基本营养
生长期中等偏短。生育
期130天左右，需活动
积温≥2300℃。农艺性
状表型精准鉴定时间为
4月16日播种，5月17日
插秧。该种质始穗期为7
月19日，抽穗期为7月20
日，齐穗期为7月22日，
抽穗天数95天；株高
102.9cm，穗长17.6cm，
平均穗数16.0个，穗颈
长6.5cm，穗下第一节
间长33.3cm，剑叶长
28.0cm，剑叶宽1.3cm，
剑叶长宽比为21.5，平均穗粒数117.5个，结实率95.2%，谷粒长6.4mm，谷粒宽
2.9mm，谷粒长宽比为2.2，千粒重23.0g；茎集散程度为直立型，叶色为绿色，谷粒
形状长，穗型为中间型，落粒性极低，芒长无，芒色无，芒分布无，种皮为白色，
实测评估产量为477.8千克/亩。

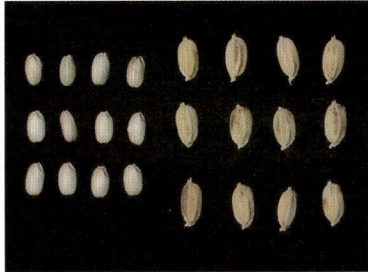

◆ **抗病性**

叶瘟S。

密穗

◆ **种质来源**

黑龙江省。

◆ **形态和生物学特性**

该种质属粳亚种黏性水稻，感光性弱，感温性中等偏强，基本营养生长期短。生育期125天左右，需活动积温≥2100℃。农艺性状表型精准鉴定时间为4月16日播种，5月17日插秧。该种质始穗期为7月15日，抽穗期为7月17日，齐穗期为7月18日，抽穗天数92天；株高125.9cm，穗长18.4cm，平均穗数12.9个，穗颈长7.7cm，穗下第一节间长37.6cm，剑叶长24.4cm，剑叶宽1.5cm，剑叶长宽比为16.3，平均穗粒数89.0个，结实率99.9%，谷粒长5.7mm，谷粒宽2.8mm，谷粒长宽比为2.1，千粒重23.0g；茎集散程度为中间型，叶色为绿色，谷粒形状为椭圆，穗型为中间型，落粒性极低，芒长特长，芒色为褐色，芒分布多，种皮为白色，实测评估产量为315.3千克/亩。

◆ **抗病性**

叶瘟S。

明秕

◆ **种质来源**

云南省。

◆ **形态和生物学特性**

该种质属粳亚种黏性水稻，感光性较强，感温性较强，基本营养生长期中等偏长。生育期140天左右，需活动积温≥2700℃。农艺性状表型精准鉴定时间为4月16日播种，5月17日插秧。该种质始穗期为7月29日，抽穗期为7月31日，齐穗期为8月1日，抽穗天数106天；株高147.2cm，穗长21.3cm，平均穗数10.4个，穗颈长0.2cm，穗下第一节间长36.7cm，剑叶长31.2cm，剑叶宽1.5cm，剑叶长宽比为20.8，平均穗粒数191.4个，结实率69.1%，谷粒长6.3mm，谷粒宽3.0mm，谷粒长宽比为2.1，千粒重21.4g；茎集散程度为中间型，叶色为绿色，谷粒形状为椭圆，穗型为中间型，落粒性低，芒长无，芒色为秆黄色，芒分布无，种皮为红色，实测评估产量为195.9千克/亩。

◆ **抗病性**

叶瘟R。

明水香稻

◆ **种质来源**

　　山东省。

◆ **形态和生物学特性**

　　该种质属粳亚种黏性水稻，感光性强，感温性强，基本营养生长期较长。生育期145天左右，需活动积温≥2900℃。农艺性状表型精准鉴定时间为4月16日播种，5月17日插秧。该种质始穗期为8月4日，抽穗期为8月6日，齐穗期为8月8日，抽穗天数112天；株高147.4cm，穗长21.4cm，平均穗数11.4个，穗颈长6.6cm，穗下第一节间长38.5cm，剑叶长8.6cm，剑叶宽1.5cm，剑叶长宽比为5.8，平均穗粒数87.9个，结实率96.9%，谷粒长7.6mm，谷粒宽3.0mm，谷粒长宽比为2.5，千粒重31.5g；茎集散程度为直立型，叶色为浅黄色，谷粒形状长，穗型为中间型，落粒性低，芒长特长，芒色为白色，芒分布多，种皮为红色，实测评估产量为277.1千克/亩。

◆ **抗病性**

　　叶瘟S。

南定大白谷

◆ **种质来源**

云南省。

◆ **形态和生物学特性**

该种质属粳亚种黏性水稻，感光性强，感温性强，基本营养生长期较长。生育期145天左右，需活动积温≥2900℃。农艺性状表型精准鉴定时间为4月16日播种，5月17日插秧。该种质始穗期为8月3日，抽穗期为8月6日，齐穗期为8月8日，抽穗天数112天；株高89.0cm，穗长15.5cm，平均穗数13.9个，穗颈长6.4cm，穗下第一节间长28.6cm，剑叶长16.9cm，剑叶宽1.5cm，剑叶长宽比为11.3，平均穗粒数125.4个，结实率75.2%，谷粒长6.9mm，谷粒宽3.3mm，谷粒长宽比为2.1，千粒重26.4g；茎集散程度为中间型，叶色为浅绿色，谷粒形状为椭圆，穗型为中间型，落粒性极低，芒长无，芒色无，芒分布无，种皮为白色，实测评估产量为449.1千克/亩。

◆ **抗病性**

叶瘟R。

宁丰

◆ **种质来源**

辽宁省。

◆ **形态和生物学特性**

该种质属粳亚种黏性水稻，感光性较强，感温性较强，基本营养生长期中等偏长。生育期140天左右，需活动积温≥2700℃。农艺性状表型精准鉴定时间为4月16日播种，5月17日插秧。该种质始穗期为7月31日，抽穗期为8月1日，齐穗期为8月2日，抽穗天数107天；株高95.6cm，穗长15.7cm，平均穗数15.4个，穗颈长10.6cm，穗下第一节间长36.0cm，剑叶长21.3cm，剑叶宽1.3cm，剑叶长宽比为16.4，平均穗粒数83.8个，结实率77.6%，谷粒长8.7mm，谷粒宽2.0mm，谷粒长宽比为2.0，千粒重20.4g；茎集散程度为直立型，叶色为绿色，谷粒形状为椭圆，穗型为中间型，落粒性极低，芒长中，芒色为黄色，芒分布稀，种皮为白色，实测评估产量为554.2千克/亩。

◆ **抗病性**

叶瘟S。

宁夏黑芒稻

◆ **种质来源**

宁夏回族自治区。

◆ **形态和生物学特性**

该种质属粳亚种黏性水稻，感光性中等，感温性中等偏弱，基本营养生长期长度中等。生育期135天左右，需活动积温≥2500℃。农艺性状表型精准鉴定时间为4月16日播种，5月17日插秧。该种质始穗期为7月22日，抽穗期为7月24日，齐穗期为7月26日，抽穗天数99天；株高122.5cm，穗长20.3cm，平均穗数12.5个，穗颈长7.6cm，穗下第一节间长37.5cm，剑叶长36.0cm，剑叶宽1.3cm，剑叶长宽比为27.7，平均穗粒数101.6个，结实率89.6%，谷粒长7.6mm，谷粒宽3.2mm，谷粒长宽比为2.4，千粒重29.4g；茎集散程度为中间型，叶色为浅黄色，谷粒形状长，穗型为散开型，落粒性高，芒长特长，芒色为褐色，芒分布多，种皮为白色，实测评估产量为191.1千克/亩。

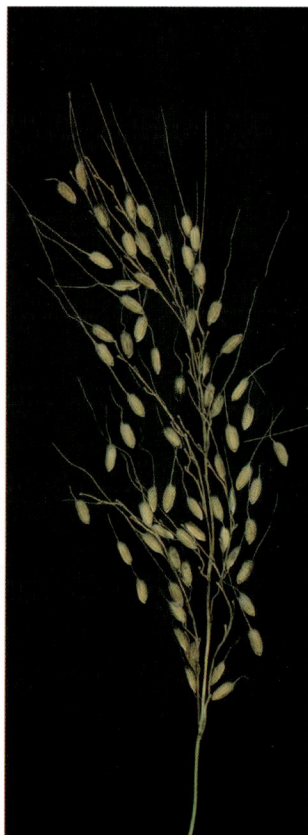

◆ **抗病性**

叶瘟S。

农垦19

◆ **种质来源**

辽宁省。

◆ **形态和生物学特性**

该种质属粳亚种黏性水稻，感光性较强，感温性较强，基本营养生长期中等偏长。生育期140天左右，需活动积温≥2700℃。农艺性状表型精准鉴定时间为4月16日播种，5月17日插秧。该种质始穗期为7月29日，抽穗期为7月30日，齐穗期为7月31日，抽穗天数105天；株高94.7cm，穗长16.4cm，平均穗数13.9个，穗颈长9.3cm，穗下第一节间长32.4cm，剑叶长22.2cm，剑叶宽1.2cm，剑叶长宽比为18.5，平均穗粒数107.2个，结实率86.8%，谷粒长8.9mm，谷粒宽2.1mm，谷粒长宽比为2.1，千粒重23.8g；茎集散程度为中间型，叶色为绿色，谷粒形状为椭圆，穗型为中间型，落粒性极低，芒长无，芒色无，芒分布无，种皮为白色，实测评估产量为573.3千克/亩。

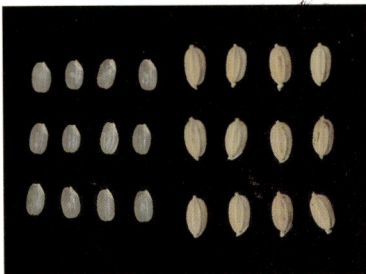

◆ **抗病性**

叶瘟S。

农垦20

◆ **种质来源**

辽宁省。

◆ **形态和生物学特性**

该种质属粳亚种黏性水稻，感光性强，感温性强，基本营养生长期较长。生育期145天左右，需活动积温≥2900℃。农艺性状表型精准鉴定时间为4月16日播种，5月17日插秧。该种质始穗期为8月1日，抽穗期为8月3日，齐穗期为8月5日，抽穗天数109天；株高111.1cm，穗长18.7cm，平均穗数19.5个，穗颈长6.9cm，穗下第一节间长34.5cm，剑叶长24.7cm，剑叶宽1.2cm，剑叶长宽比为20.6，平均穗粒数83.9个，结实率85.6%，谷粒长9.4mm，谷粒宽2.2mm，谷粒长宽比为2.2，千粒重26.9g；茎集散程度为中间型，叶色为绿色，谷粒形状长，穗型为中间型，落粒性极低，芒长无，芒色无，芒分布无，种皮为白色，实测评估产量为563.8千克/亩。

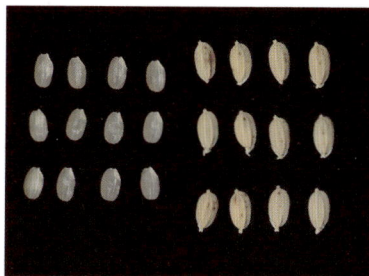

◆ **抗病性**

叶瘟S。

农垦21

◆ **种质来源**

辽宁省。

◆ **形态和生物学特性**

该种质属粳亚种黏性水稻，感光性强，感温性强，基本营养生长期较长。生育期145天左右，需活动积温≥2900℃。农艺性状表型精准鉴定时间为4月16日播种，5月17日插秧。该种质始穗期为8月1日，抽穗期为8月3日，齐穗期为8月5日，抽穗天数109天；株高117.2cm，穗长18.6cm，平均穗数19.6个，穗颈长7.5cm，穗下第一节间长34.8cm，剑叶长25.7cm，剑叶宽1.2cm，

剑叶长宽比为21.4，平均穗粒数89.9个，结实率92.1%，谷粒长9.4mm，谷粒宽2.1mm，谷粒长宽比为2.1，千粒重28.4g；茎集散程度为中间型，叶色为绿色，谷粒形状为椭圆，穗型为中间型，落粒性极低，芒长无，芒色无，芒分布无，种皮为白色，实测评估产量为525.6千克/亩。

◆ **抗病性**

叶瘟MS。

农林1号

◆ **种质来源**

辽宁省。

◆ **形态和生物学特性**

该种质属粳亚种黏性水稻，感光性较强，感温性较强，基本营养生长期中等偏长。生育期140天左右，需活动积温≥2700℃。农艺性状表型精准鉴定时间为4月16日播种，5月17日插秧。该种质始穗期为7月31日，抽穗期为8月2日，齐穗期为8月3日，抽穗天数108天；株高118.9cm，穗长21.4cm，平均穗数13.9个，穗颈长10.3cm，穗下第一节间长41.2cm，剑叶长26.1cm，剑叶宽1.2cm，剑叶长宽比为21.8，平均穗粒数46.7个，结实率0.4%，谷粒长7.8mm，谷粒宽1.9mm，谷粒长宽比为1.9，千粒重44.5g；茎集散程度为中间型，叶色为绿色，谷粒形状为椭圆，穗型为中间型，落粒性极低，芒长长，芒色为黑色，芒分布多，种皮为白色，实测评估产量为425.2千克/亩。

◆ **抗病性**

叶瘟R。

糯稻

◆ **种质来源**

新疆维吾尔自治区。

◆ **形态和生物学特性**

该种质属粳亚种糯性水稻，感光性较弱，感温性中等，基本营养生长期中等偏短。生育期130天左右，需活动积温≥2300℃。农艺性状表型精准鉴定时间为4月16日播种，5月17日插秧。该种质始穗期为7月18日，抽穗期为7月20日，齐穗期为7月22日，抽穗天数95天；株高114.7cm，穗长14.9cm，平均穗数16.2个，穗颈长6.0cm，穗下第一节间长30.1cm，剑叶长23.8cm，剑叶宽1.2cm，剑叶长宽比为19.8，平均穗粒数84.9个，结实率92.7%，谷粒长7.6mm，谷粒宽3.0mm，谷粒长宽比为2.6，千粒重25.3g；茎集散程度为直立型，叶色为浅黄色，谷粒形状长，穗型为中间型，落粒性极高，芒长无，芒色无，芒分布无，种皮为白色，实测评估产量为172.0千克/亩。

◆ **抗病性**

叶瘟HS。

帕盆

◆ **种质来源**

云南省。

◆ **形态和生物学特性**

该种质属粳亚种黏性水稻，感光性强，感温性强，基本营养生长期长。生育期160天以上，需活动积温＞4000℃。农艺性状表型精准鉴定时间为4月16日播种，5月17日插秧。该种质始穗期晚于9月20日；株高88.1cm，平均穗数15.9个，穗颈长1.2cm，穗下第一节间长25.8cm，剑叶长37.5cm，剑叶宽1.9cm，剑叶长宽比为19.7，茎集散程度为中间型，叶色为深绿色，谷粒形状为短圆，穗型为中间型，落粒性，芒长长，芒色为白色，芒分布多，未能在吉林省自然条件下正常成熟。

◆ **抗病性**

叶瘟R。

盘徐稻

◆ **种质来源**

黑龙江省。

◆ **形态和生物学特性**

该种质属粳亚种黏性水稻，感光性弱，感温性中等偏强，基本营养生长期短。生育期125天左右，需活动积温≥2100℃。农艺性状表型精准鉴定时间为4月16日播种，5月17日插秧。该种质始穗期为7月12日，抽穗期为7月14日，齐穗期为7月16日，抽穗天数89天；株高103.6cm，穗长19.0cm，平均穗数12.3个，穗颈长12.2cm，穗下第一节间长41.0cm，剑叶长27.5cm，剑叶宽1.4cm，剑叶长宽比为19.6，平均穗粒数115.2个，结实率94.0%，谷粒长6.5mm，谷粒宽3.1mm，谷粒长宽比为2.1，千粒重28.0g；茎集散程度为直立型，叶色为浅绿色，谷粒形状为椭圆，穗型为中间型，落粒性极低，芒长长，芒色为褐色，芒分布中，种皮为白色，实测评估产量为434.8千克/亩。

◆ **抗病性**

叶瘟S。

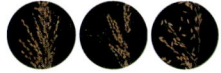

蓬莱稻

◆ **种质来源**

山东省。

◆ **形态和生物学特性**

该种质属粳亚种黏性水稻，感光性较强，感温性较强，基本营养生长期中等偏长。生育期140天左右，需活动积温≥2700℃。农艺性状表型精准鉴定时间为4月16日播种，5月17日插秧。该种质始穗期为7月31日，抽穗期为8月2日，齐穗期为8月4日，抽穗天数108天；株高139.9cm，穗长20.9cm，平均穗数13.0个，穗颈长5.7cm，穗下第一节间长35.1cm，剑叶长25.0cm，剑叶宽1.5cm，剑叶长宽比为16.7，平均穗粒数82.6个，结实率78.9%，谷粒长8.9mm，谷粒宽3.5mm，谷粒长宽比为2.6，千粒重36.8g；茎集散程度为中间型，叶色为绿色，谷粒形状长，穗型为中间型，落粒性中，芒长中，芒色为黄色，芒分布多，种皮为白色，实测评估产量为310.6千克/亩。

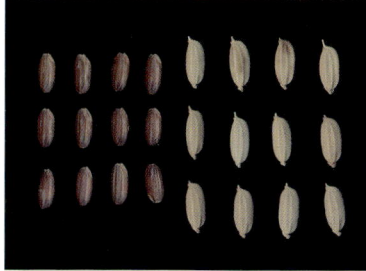

◆ **抗病性**

叶瘟S。

普通陆稻

◆ **种质来源**

黑龙江省。

◆ **形态和生物学特性**

该种质属粳亚种黏性旱稻，感光性弱，感温性中等偏强，基本营养生长期短。生育期125天左右，需活动积温≥2100℃。农艺性状表型精准鉴定时间为4月16日播种，5月17日插秧。该种质始穗期为7月15日，抽穗期为7月17日，齐穗期为7月19日，抽穗天数92天；株高119.6cm，穗长22.4cm，平均穗数11.9个，穗颈长11.7cm，穗下第一节间长42.5cm，剑叶长27.9cm，剑叶宽1.5cm，剑叶长宽比为18.6，平均穗粒数87.5个，结实率93.9%，谷粒长7.6mm，谷粒宽3.3mm，谷粒长宽比为2.4，千粒重30.2g；茎集散程度为直立型，叶色为绿色，谷粒形状长，穗型为中间型，落粒性极低，芒长特长，芒色为秆黄色，芒分布多，种皮为白色，实测评估产量为334.4千克/亩。

◆ **抗病性**

叶瘟R。

青旱稻

◆ **种质来源**

山东省。

◆ **形态和生物学特性**

该种质属粳亚种黏性旱稻，感光性强，感温性强，基本营养生长期长。生育期150天以上，需活动积温≥3100℃。农艺性状表型精准鉴定时间为4月16日播种，5月17日插秧。该种质始穗期为8月15日，抽穗期为8月17日，齐穗期为8月19日，抽穗天数123天；株高151.9cm，穗长23.2cm，平均穗数13.8个，穗颈长2.5cm，穗下第一节间长33.7cm，剑叶长43.0cm，剑叶宽1.5cm，

剑叶长宽比为28.7，平均穗粒数110.6个，结实率78.3%，谷粒长7.3mm，谷粒宽3.1mm，谷粒长宽比为2.4，千粒重25.9g；茎集散程度为中间型，叶色为绿色，谷粒形状长，穗型为中间型，落粒性中，芒长中，芒色为褐色，芒分布少，种皮为白色，实测评估产量为286.7千克/亩。

◆ **抗病性**

叶瘟MS。

青粳

◆ **种质来源**

吉林省。

◆ **形态和生物学特性**

该种质属粳亚种黏性水稻，感光性中等，感温性中等偏弱，基本营养生长期长度中等。生育期135天左右，需活动积温≥2500℃。农艺性状表型精准鉴定时间为4月16日播种，5月17日插秧。该种质始穗期为7月23日，抽穗期为7月27日，齐穗期为7月31日，抽穗天数102天；株高108.7cm，穗长17.9cm，平均穗数10.6个，穗颈长8.6cm，穗下第一节间长37.9cm，剑叶长29.1cm，剑叶宽1.6cm，剑叶长宽比为18.2，平均穗粒数111.8个，结实率99.8%，谷粒长6.6mm，谷粒宽3.4mm，谷粒长宽比为2.0，千粒重28.7g；茎集散程度为中间型，叶色为绿色，谷粒形状为椭圆，穗型为散开型，落粒性极低，芒长无，芒色无，芒分布无，种皮为白色，实测评估产量为396.6千克/亩。

◆ **抗病性**

叶瘟MS。

青龙小白芒

◆ **种质来源**

河北省。

◆ **形态和生物学特性**

该种质属粳亚种黏性水稻，感光性强，感温性强，基本营养生长期长。生育期150天以上，需活动积温≥3100℃。农艺性状表型精准鉴定时间为4月16日播种，5月17日插秧。该种质始穗期为8月7日，抽穗期为8月9日，齐穗期为8月10日，抽穗天数115天；株高144.9cm，穗长21.4cm，平均穗数11.1个，穗颈长10.8cm，穗下第一节间长42.7cm，剑叶长25.7cm，剑叶宽1.4cm，剑叶长宽比为18.4，平均穗粒数123.9个，结实率83.6%，谷粒长7.1mm，谷粒宽3.0mm，谷粒长宽比为2.4，千粒重23.5g；茎集散程度为中间型，叶色为绿色，谷粒形状长，穗型为散开型，落粒性极低，芒长特长，芒色为白色，芒分布多，种皮为白色，实测评估产量为363.1千克/亩。

◆ **抗病性**

叶瘟S。

青森5号

◆ **种质来源**

吉林省。

◆ **形态和生物学特性**

该种质属粳亚种黏性水稻，感光性中等，感温性中等偏弱，基本营养生长期长度中等。生育期135天左右，需活动积温≥2500℃。农艺性状表型精准鉴定时间为4月16日播种，5月17日插秧。该种质始穗期为7月26日，抽穗期为7月28日，齐穗期为7月30日，抽穗天数103天；株高105.9cm，穗长18.1cm，平均穗数13.3个，穗颈长12.6cm，穗下第一节间长40.0cm，剑叶长24.8cm，剑叶宽1.4cm，剑叶长宽比为17.7，平均穗粒数139.1个，结实率73.0%，谷粒长8.6mm，谷粒宽2.1mm，谷粒长宽比为2.1，千粒重20.4g；茎集散程度为中间型，叶色为浅绿色，谷粒形状为椭圆，穗型为中间型，落粒性极低，芒长中，芒色为黄色，芒分布少，种皮为白色，实测评估产量为449.1千克/亩。

◆ **抗病性**

叶瘟MS。

秋旱稻

◆ **种质来源**

山东省。

◆ **形态和生物学特性**

该种质属粳亚种黏性旱稻，感光性强，感温性强，基本营养生长期长。生育期150天以上，需活动积温≥3100℃。农艺性状表型精准鉴定时间为4月16日播种，5月17日插秧。该种质始穗期为8月10日，抽穗期为8月13日，齐穗期为8月16日，抽穗天数119天；株高148.4cm，穗长21.9cm，平均穗数12.9个，穗颈长3.2cm，穗下第一节间长34.1cm，剑叶长28.2cm，剑叶宽1.3cm，剑叶长宽比为21.7，平均穗粒数97.1个，结实率79.8%，谷粒长7.2mm，谷粒宽3.1mm，谷粒长宽比为2.3，千粒重28.7g；茎集散程度为中间型，叶色为浅黄色，谷粒形状长，穗型为中间型，落粒性高，芒长特长，芒色为紫色，芒分布多，种皮为红色，实测评估产量为248.4千克/亩。

◆ **抗病性**

叶瘟S。

三河红毛水稻

◆ **种质来源**

河北省。

◆ **形态和生物学特性**

该种质属粳亚种黏性水稻，感光性强，感温性强，基本营养生长期长。生育期150天以上，需活动积温≥3200℃。农艺性状表型精准鉴定时间为4月16日播种，5月17日插秧。该种质始穗期为8月19日，抽穗期为8月23日，齐穗期为8月26日，抽穗天数129天；株高119.4cm，穗长20.6cm，平均穗数13.0个，穗颈长4.9cm，穗下第一节间长35.2cm，剑叶长32.6cm，剑叶宽1.3cm，剑叶长宽比为25.1，平均穗粒数78.2个，结实率99.6%，谷粒长4.9mm，谷粒宽2.8mm，谷粒长宽比为1.8，千粒重43.9g；茎集散程度为中间型，叶色为绿色，谷粒形状为短圆，穗型为散开型，落粒性极低，芒长短，芒色为褐色，芒分布中，种皮为白色，实测评估产量为434.8千克/亩。

◆ **抗病性**

叶瘟R。

山东旱稻子

◆ **种质来源**

山东省。

◆ **形态和生物学特性**

该种质属粳亚种黏性旱稻，感光性较强，感温性较强，基本营养生长期中等偏长。生育期140天左右，需活动积温≥2700℃。农艺性状表型精准鉴定时间为4月16日播种，5月17日插秧。该种质始穗期为8月1日，抽穗期为8月2日，齐穗期为8月3日，抽穗天数108天；株高139.3cm，穗长19.2cm，平均穗数10.9个，穗颈长11.8cm，穗下第一节间长42.1cm，剑叶长22.6cm，剑叶宽1.2cm，

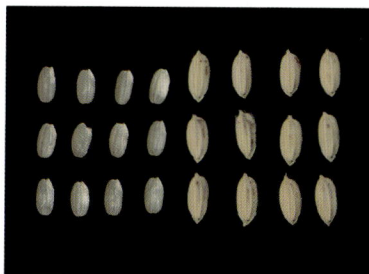

剑叶长宽比为18.8，平均穗粒数137.8个，结实率92.1%，谷粒长7.5mm，谷粒宽3.4mm，谷粒长宽比为2.3，千粒重30.8g；茎集散程度为中间型，叶色为绿色，谷粒形状长，穗型为中间型，落粒性低，芒长无，芒色无，芒分布无，种皮为白色，实测评估产量为305.8千克/亩。

◆ **抗病性**

叶瘟S。

山东小红芒

◆ **种质来源**

山东省。

◆ **形态和生物学特性**

该种质属粳亚种黏性水稻，感光性强，感温性强，基本营养生长期长。生育期150天以上，需活动积温≥3100℃。农艺性状表型精准鉴定时间为4月16日播种，5月17日插秧。该种质始穗期为8月13日，抽穗期为8月15日，齐穗期为8月18日，抽穗天数121天；株高154.3cm，穗长20.9cm，平均穗数10.6个，穗颈长2.2cm，穗下第一节间长34.3cm，剑叶长28.9cm，剑叶宽1.3cm，剑叶长宽比为22.2，平均穗粒数157.0个，结实率95.5%，谷粒长4.3mm，谷粒宽1.8mm，谷粒长宽比为2.5，千粒重17.0g；茎集散程度为中间型，叶色为绿色，谷粒形状长，穗型为中间型，落粒性低，芒长中，芒色为褐色，芒分布多，种皮为白色，实测评估产量为334.4千克/亩。

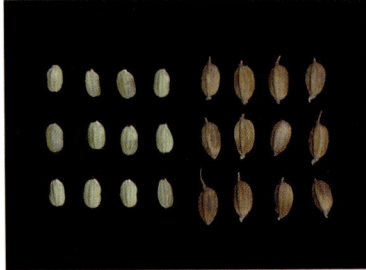

◆ **抗病性**

叶瘟MS。

石槐

◆ **种质来源**

山东省。

◆ **形态和生物学特性**

该种质属粳亚种黏性水稻，感光性强，感温性强，基本营养生长期长。生育期150天以上，需活动积温≥3200℃。农艺性状表型精准鉴定时间为4月16日播种，5月17日插秧。该种质始穗期为8月27日，抽穗期为8月30日，齐穗期为9月2日，抽穗天数136天；株高120.8cm，穗长22.1cm，平均穗数12.5个，穗颈长0.9cm，穗下第一节间长34.8cm，剑叶长34.2cm，剑叶宽1.2cm，剑叶长宽比为28.5，平均穗粒数117.7个，结实率69.2%，谷粒长6.4mm，谷粒宽2.7mm，谷粒长宽比为2.4，千粒重26.5g；茎集散程度为中间型，叶色为绿色，谷粒形状长，穗型为中间型，落粒性极高，芒长特长，芒色为褐色，芒分布多，种皮为白色，实测评估产量为100.3千克/亩。

◆ **抗病性**

叶瘟MS。

石站

◆ **种质来源**

吉林省。

◆ **形态和生物学特性**

该种质属粳亚种黏性水稻，感光性较强，感温性较强，基本营养生长期中等偏长。生育期140天左右，需活动积温≥2700℃。农艺性状表型精准鉴定时间为4月16日播种，5月17日插秧。该种质始穗期为7月27日，抽穗期为7月29日，齐穗期为7月31日，抽穗天数104天；株高146.1cm，穗长23.4cm，平均穗数13.0个，穗颈长6.9cm，穗下第一节间长38.7cm，剑叶长28.3cm，剑叶宽1.5cm，

剑叶长宽比为18.9，平均穗粒数101.1个，结实率84.4%，谷粒长8.0mm，谷粒宽3.2mm，谷粒长宽比为2.6，千粒重29.9g；茎集散程度为中间型，叶色为浅黄色，谷粒形状长，穗型为中间型，落粒性低，芒长无，芒色无，芒分布无，种皮为白色，实测评估产量为406.1千克/亩。

◆ **抗病性**

叶瘟MS。

水旱稻

◆ **种质来源**

山东省。

◆ **形态和生物学特性**

该种质属粳亚种黏性旱稻,感光性强,感温性强,基本营养生长期长。生育期150天以上,需活动积温≥3200℃。农艺性状表型精准鉴定时间为4月16日播种,5月17日插秧。该种质始穗期为8月22日,抽穗期为8月26日,齐穗期为8月29日,抽穗天数132天;株高142.1cm,穗长25.9cm,平均穗数11.2个,穗颈长0.3cm,穗下第一节间长35.0cm,剑叶长34.2cm,剑叶宽1.4cm,剑叶长宽比为24.4,平均穗粒数115.3个,结实率71.9%,谷粒长7.8mm,谷粒宽3.1mm,谷粒长宽比为2.5,千粒重28.9g;茎集散程度为直立型,叶色为绿色,谷粒形状长,穗型为中间型,落粒性高,芒长中,芒色为秆黄色,芒分布少,种皮为白色,实测评估产量为167.2千克/亩。

◆ **抗病性**

叶瘟MS。

松本糯

◆ **种质来源**

黑龙江省。

◆ **形态和生物学特性**

该种质属粳亚种糯性水稻，感光性弱，感温性中等偏强，基本营养生长期短。生育期125天左右，需活动积温≥2100℃。农艺性状表型精准鉴定时间为4月16日播种，5月17日插秧。该种质始穗期为7月16日，抽穗期为7月17日，齐穗期为7月18日，抽穗天数92天；株高106.2cm，穗长18.9cm，平均穗数14.5个，穗颈长7.3cm，穗下第一节间长35.7cm，剑叶长23.0cm，剑叶宽1.3cm，剑叶长宽比为17.7，平均穗粒数120.2个，结实率97.3%，谷粒长5.8mm，谷粒宽3.2mm，谷粒长宽比为1.9，千粒重25.8g；茎集散程度为中间型，叶色为浅绿色，谷粒形状为椭圆，穗型为中间型，落粒性极低，芒长短，芒色为黑色，芒分布稀，种皮为白色，实测评估产量为415.7千克/亩。

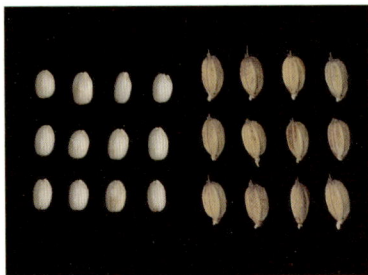

◆ **抗病性**

叶瘟MS。

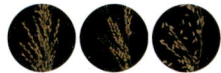

台头白谷

◆ **种质来源**

云南省。

◆ **形态和生物学特性**

该种质属粳亚种黏性水稻，感光性强，感温性强，基本营养生长期长。生育期150天以上，需活动积温≥3100℃。农艺性状表型精准鉴定时间为4月16日播种，5月17日插秧。该种质始穗期为8月8日，抽穗期为8月11日，齐穗期为8月13日，抽穗天数117天；株高161.9cm，穗长28.4cm，平均穗数12.5个，穗颈长9.5cm，穗下第一节间长48.4cm，剑叶长33.4cm，剑叶宽1.6cm，剑叶长宽比为20.9，平均穗粒数134.5个，结实率79.9%，谷粒长7.8mm，谷粒宽2.8mm，谷粒长宽比为2.8，千粒重29.3g；茎集散程度为散开型，叶色为浅黄色，谷粒形状长，穗型为中间型，落粒性中，芒长无，芒色无，芒分布无，种皮为白色，实测评估产量为425.2千克/亩。

◆ **抗病性**

叶瘟HR。

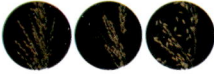

太南稻

◆ **种质来源**

吉林省。

◆ **形态和生物学特性**

该种质属粳亚种黏性水稻，感光性中等，感温性中等偏弱，基本营养生长期长度中等。生育期135天左右，需活动积温≥2500℃。农艺性状表型精准鉴定时间为4月16日播种，5月17日插秧。该种质始穗期为7月24日，抽穗期为7月25日，齐穗期为7月26日，抽穗天数100天；株高129.4cm，穗长19.8cm，平均穗数13.3个，穗颈长8.5cm，穗下第一节间长38.1cm，剑叶长28.7cm，剑叶宽1.6cm，剑叶长宽比为17.9，平均穗粒数115.1个，结实率95.7%，谷粒长9.0mm，谷粒宽2.2mm，谷粒长宽比为2.2，千粒重27.0g；茎集散程度为中间型，叶色为绿色，谷粒形状长，穗型为中间型，落粒性极低，芒长特长，芒色为黄色，芒分布多，种皮为白色，实测评估产量为353.6千克/亩。

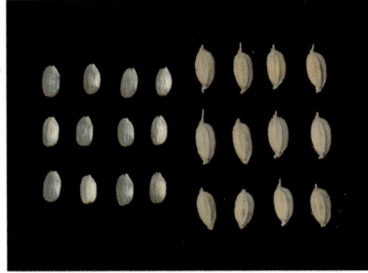

◆ **抗病性**

叶瘟S。

太平稻

◆ **种质来源**

吉林省。

◆ **形态和生物学特性**

该种质属粳亚种黏性水稻，感光性较弱，感温性中等，基本营养生长期中等偏短。生育期130天左右，需活动积温≥2300℃。农艺性状表型精准鉴定时间为4月16日播种，5月17日插秧。该种质始穗期为7月18日，抽穗期为7月20日，齐穗期为7月21日，抽穗天数95天；株高112.6cm，穗长18.6cm，平均穗数13.8个，穗颈长7.4cm，穗下第一节间长35.2cm，剑叶长22.1cm，剑叶宽1.3cm，剑叶长宽比为17.0，平均穗粒数90.9个，结实率82.7%，谷粒长9.1mm，谷粒宽2.4mm，谷粒长宽比为2.4，千粒重26.9g；茎集散程度为中间型，叶色为浅黄色，谷粒形状长，穗型为中间型，落粒性极低，芒长特长，芒色为褐色，芒分布多，种皮为白色，实测评估产量为291.4千克/亩。

◆ **抗病性**

叶瘟S。

太平红

◆ **种质来源**

黑龙江省。

◆ **形态和生物学特性**

该种质属粳亚种黏性水稻，感光性弱，感温性中等偏强，基本营养生长期短。生育期125天左右，需活动积温≥2100℃。农艺性状表型精准鉴定时间为4月16日播种，5月17日插秧。该种质始穗期为7月15日，抽穗期为7月17日，齐穗期为7月19日，抽穗天数92天；株高100.5cm，穗长21.3cm，平均穗数13.9个，穗颈长5.0cm，穗下第一节间长34.2cm，剑叶长26.8cm，剑叶宽1.2cm，剑叶长宽比为22.3，平均穗粒数87.9个，结实率93.9%，谷粒长7.0mm，谷粒宽2.9mm，谷粒长宽比为2.5，千粒重23.1g；茎集散程度为直立型，叶色为绿色，谷粒形状长，穗型为中间型，落粒性极低，芒长短，芒色为黄色，芒分布少，种皮为红色，实测评估产量为410.9千克/亩。

◆ **抗病性**

叶瘟MS。

汤原6

◆ **种质来源**

黑龙江省。

◆ **形态和生物学特性**

该种质属粳亚种黏性水稻，感光性弱，感温性中等偏强，基本营养生长期短。生育期125天左右，需活动积温≥2100℃。农艺性状表型精准鉴定时间为4月16日播种，5月17日插秧。该种质始穗期为7月16日，抽穗期为7月18日，齐穗期为7月20日，抽穗天数93天；株高140.2cm，穗长22.6cm，平均穗数11.4个，穗颈长11.8cm，穗下第一节间长42.5cm，剑叶长27.3cm，剑叶宽1.6cm，剑叶长宽比为17.1，平均穗粒数112.3个，结实率92.2%，谷粒长5.6mm，谷粒宽2.2mm，谷粒长宽比为2.6，千粒重74.2g；茎集散程度为中间型，叶色为绿色，谷粒形状长，穗型为中间型，落粒性低，芒长特长，芒色为褐色，芒分布多，种皮为红色，实测评估产量为415.7千克/亩。

◆ **抗病性**

叶瘟S。

天津小红芒

◆ **种质来源**

天津市。

◆ **形态和生物学特性**

该种质属粳亚种黏性水稻，感光性较强，感温性较强，基本营养生长期中等偏长。生育期140天左右，需活动积温≥2700℃。农艺性状表型精准鉴定时间为4月16日播种，5月17日插秧。该种质始穗期为7月28日，抽穗期为7月30日，齐穗期为8月1日，抽穗天数105天；株高143.5cm，穗长17.6cm，平均穗数13.0个，穗颈长8.2cm，穗下第一节间长36.0cm，剑叶长24.0cm，剑叶宽1.3cm，剑叶长宽比为18.5，平均穗粒数114.5个，结实率99.7%，谷粒长6.4mm，谷粒宽3.1mm，谷粒长宽比为2.1，千粒重26.4g；茎集散程度为中间型，叶色为浅黄色，谷粒形状为椭圆，穗型为中间型，落粒性极低，芒长长，芒色为褐色，芒分布多，种皮为白色，实测评估产量为367.9千克/亩。

◆ **抗病性**

叶瘟S。

田泰

◆ **种质来源**

辽宁省。

◆ **形态和生物学特性**

该种质属粳亚种黏性水稻，感光性较强，感温性较强，基本营养生长期中等偏长。生育期140天左右，需活动积温≥2700℃。农艺性状表型精准鉴定时间为4月16日播种，5月17日插秧。该种质始穗期为7月30日，抽穗期为8月1日，齐穗期为8月3日，抽穗天数107天；株高109.1cm，穗长16.9cm，平均穗数14.1个，穗颈长9.3cm，穗下第一节间长34.8cm，剑叶长21.0cm，剑叶宽1.2cm，剑叶长宽比为17.5，平均穗粒数78.7个，结实率83.6%，谷粒长8.7mm，谷粒宽2.0mm，谷粒长宽比为2.0，千粒重23.8g；茎集散程度为中间型，叶色为绿色，谷粒形状为椭圆，穗型为中间型，落粒性极低，芒长长，芒色为褐色，芒分布少，种皮为白色，实测评估产量为430.0千克/亩。

◆ **抗病性**

叶瘟MS。

铁力1号

◆ **种质来源**

黑龙江省。

◆ **形态和生物学特性**

该种质属粳亚种黏性水稻，感光性弱，感温性中等偏强，基本营养生长期短。生育期125天左右，需活动积温≥2100℃。农艺性状表型精准鉴定时间为4月16日播种，5月17日插秧。该种质始穗期为7月14日，抽穗期为7月16日，齐穗期为7月17日，抽穗天数91天；株高115.4cm，穗长19.7cm，平均穗数14.3个，穗颈长10.8cm，穗下第一节间长39.6cm，剑叶长28.1cm，剑叶宽1.5cm，剑叶长宽比为18.7，平均穗粒数108.1个，结实率100.0%，谷粒长6.6mm，谷粒宽3.0mm，谷粒长宽比为2.2，千粒重26.6g；茎集散程度为直立型，叶色为绿色，谷粒形状长，穗型为中间型，落粒性极低，芒长特长，芒色为黄色，芒分布多，种皮为白色，实测评估产量为468.2千克/亩。

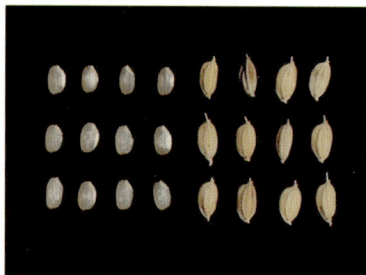

◆ **抗病性**

叶瘟S。

铁路稻

◆ **种质来源**

辽宁省。

◆ **形态和生物学特性**

该种质属粳亚种黏性水稻,感光性强,感温性强,基本营养生长期较长。生育期145天左右,需活动积温≥2900℃。农艺性状表型精准鉴定时间为4月16日播种,5月17日插秧。该种质始穗期为8月1日,抽穗期为8月3日,齐穗期为8月4日,抽穗天数109天;株高138.6cm,穗长23.4cm,平均穗数9.7个,穗颈长10.4cm,穗下第一节间长44.2cm,剑叶长28.5cm,剑叶宽1.5cm,剑叶长宽比为19.0,平均穗粒数160.1个,结实率71.5%,谷粒长8.9mm,谷粒宽2.0mm,谷粒长宽比为2.0,千粒重22.0g;茎集散程度为中间型,叶色为绿色,谷粒形状为椭圆,穗型为散开型,落粒性极低,芒长中,芒色为褐色,芒分布稀,种皮为白色,实测评估产量为549.4千克/亩。

◆ **抗病性**

叶瘟R。

通河京租

◆ **种质来源**

黑龙江省。

◆ **形态和生物学特性**

该种质属粳亚种黏性水稻，感光性弱，感温性中等偏强，基本营养生长期短。生育期125天左右，需活动积温≥2100℃。农艺性状表型精准鉴定时间为4月16日播种，5月17日插秧。该种质始穗期为7月13日，抽穗期为7月15日，齐穗期为7月16日，抽穗天数90天；株高112.0cm，穗长19.4cm，平均穗数15.4个，穗颈长11.0cm，穗下第一节间长42.0cm，剑叶长25.2cm，剑叶宽1.5cm，剑叶长宽比为16.8，平均穗粒数86.8个，结实率99.7%，谷粒长6.9mm，谷粒宽3.1mm，谷粒长宽比为2.2，千粒重29.8g；茎集散程度为中间型，叶色为绿色，谷粒形状长，穗型为中间型，落粒性极低，芒长特长，芒色为黄色，芒分布多，种皮为白色，实测评估产量为372.7千克/亩。

◆ **抗病性**

叶瘟S。

通化稻-关山

◆ **种质来源**

吉林省。

◆ **形态和生物学特性**

该种质属粳亚种黏性水稻，感光性中等，感温性中等偏弱，基本营养生长期长度中等。生育期135天左右，需活动积温≥2500℃。农艺性状表型精准鉴定时间为4月16日播种，5月17日插秧。该种质始穗期为7月24日，抽穗期为7月26日，齐穗期为7月28日，抽穗天数101天；株高95.4cm，穗长19.0cm，平均穗数11.7个，穗颈长2.6cm，穗下第一节间长30.9cm，剑叶长25.5cm，剑叶宽

1.6cm，剑叶长宽比为15.9，平均穗粒数138.6个，结实率71.9%，谷粒长8.9mm，谷粒宽2.0mm，谷粒长宽比为2.0，千粒重18.3g；茎集散程度为中间型，叶色为浅绿色，谷粒形状为椭圆，穗型为中间型，落粒性极低，芒长无，芒色无，芒分布无，种皮为白色，实测评估产量为487.3千克/亩。

◆ **抗病性**

叶瘟S。

秃芒稻

◆ **种质来源**

新疆维吾尔自治区。

◆ **形态和生物学特性**

该种质属粳亚种黏性水稻，感光性较弱，感温性中等，基本营养生长期中等偏短。生育期130天左右，需活动积温≥2300℃。农艺性状表型精准鉴定时间为4月16日播种，5月17日插秧。该种质始穗期为7月19日，抽穗期为7月21日，齐穗期为7月23日，抽穗天数96天；株高110.9cm，穗长20.6cm，平均穗数10.7个，穗颈长7.7cm，穗下第一节间长38.8cm，剑叶长32.2cm，剑叶宽1.4cm，剑叶长宽比为23.0，平均穗粒数103.7个，结实率76.8%，谷粒长8.0mm，谷粒宽3.3mm，谷粒长宽比为2.4，千粒重31.2g；茎集散程度为中间型，叶色为绿色，谷粒形状长，穗型为中间型，落粒性低，芒长短，芒色为褐色，芒分布稀，种皮为白色，实测评估产量为152.9千克/亩。

◆ **抗病性**

叶瘟HS。

晚陆羽

◆ **种质来源**

吉林省。

◆ **形态和生物学特性**

该种质属粳亚种黏性水稻，感光性较强，感温性较强，基本营养生长期中等偏长。生育期140天左右，需活动积温≥2700℃。农艺性状表型精准鉴定时间为4月16日播种，5月17日插秧。该种质始穗期为7月29日，抽穗期为7月31日，齐穗期为8月1日，抽穗天数106天；株高130.6cm，穗长21.8cm，平均穗数10.5个，穗颈长9.3cm，穗下第一节间长41.1cm，剑叶长27.9cm，剑叶宽1.6cm，剑叶长宽比为17.4，平均穗粒数149.3个，结实率61.8%，谷粒长8.9mm，谷粒宽2.0mm，谷粒长宽比为2.0，千粒重20.4g；茎集散程度为中间型，叶色为浅绿色，谷粒形状为椭圆，穗型为中间型，落粒性极低，芒长无，芒色无，芒分布无，种皮为白色，实测评估产量为453.9千克/亩。

◆ **抗病性**

叶瘟HS。

万大陆

◆ **种质来源**

辽宁省。

◆ **形态和生物学特性**

该种质属粳亚种黏性水稻，感光性中等，感温性中等偏弱，基本营养生长期长度中等。生育期135天左右，需活动积温≥2500℃。农艺性状表型精准鉴定时间为4月16日播种，5月17日插秧。该种质始穗期为7月26日，抽穗期为7月27日，齐穗期为7月30日，抽穗天数102天；株高121.0cm，穗长20.5cm，平均穗数11.1个，穗颈长6.9cm，穗下第一节间长37.3cm，剑叶长21.5cm，剑叶宽1.3cm，剑叶长宽比为16.5，平均穗粒数105.9个，结实率79.4%，谷粒长9.0mm，谷粒宽2.1mm，谷粒长宽比为2.1，千粒重24.8g；茎集散程度为中间型，叶色为绿色，谷粒形状为椭圆，穗型为中间型，落粒性中，芒长特长，芒色为黄色，芒分布多，种皮为白色，实测评估产量为358.3千克/亩。

◆ **抗病性**

叶瘟S。

万斤株

◆ **种质来源**

天津市。

◆ **形态和生物学特性**

该种质属粳亚种黏性水稻，感光性较强，感温性较强，基本营养生长期中等偏长。生育期140天左右，需活动积温≥2700℃。农艺性状表型精准鉴定时间为4月16日播种，5月17日插秧。该种质始穗期为7月30日，抽穗期为8月1日，齐穗期为8月2日，抽穗天数107天；株高103.0cm，穗长17.0cm，平均穗数20.0个，穗颈长8.5cm，穗下第一节间长32.0cm，剑叶长23.0cm，剑叶宽1.4cm，剑叶长宽比为16.4，平均穗粒数123.6个，结实率99.8%，谷粒长6.3mm，谷粒宽3.1mm，谷粒长宽比为2.1，千粒重26.5g；茎集散程度为中间型，叶色为绿色，谷粒形状为椭圆，穗型为中间型，落粒性极低，芒长无，芒色无，芒分布无，种皮为白色，实测评估产量为420.4千克/亩。

◆ **抗病性**

叶瘟S。

万年

◆ **种质来源**

辽宁省。

◆ **形态和生物学特性**

该种质属粳亚种黏性水稻，感光性强，感温性强，基本营养生长期长。生育期150天以上，需活动积温≥3100℃。农艺性状表型精准鉴定时间为4月16日播种，5月17日插秧。该种质始穗期为8月6日，抽穗期为8月8日，齐穗期为8月10日，抽穗天数114天；株高112.5cm，穗长18.1cm，平均穗数12.9个，穗颈长7.1cm，穗下第一节间长35.0cm，剑叶长22.5cm，剑叶宽1.1cm，

剑叶长宽比为20.5，平均穗粒数117.2个，结实率63.7%，谷粒长9.3mm，谷粒宽2.1mm，谷粒长宽比为2.1，千粒重14.8g；茎集散程度为直立型，叶色为绿色，谷粒形状为椭圆，穗型为中间型，落粒性极低，芒长无，芒色无，芒分布无，种皮为白色，实测评估产量为430.0千克/亩。

◆ **抗病性**

叶瘟MS。

卫国7号

◆ **种质来源**

辽宁省。

◆ **形态和生物学特性**

该种质属粳亚种黏性水稻，感光性强，感温性强，基本营养生长期长。生育期150天以上，需活动积温≥3100℃。农艺性状表型精准鉴定时间为4月16日播种，5月17日插秧。该种质始穗期为8月8日，抽穗期为8月10日，齐穗期为8月11日，抽穗天数116天；株高122.0cm，穗长17.5cm，平均穗数15.6个，穗颈长4.9cm，穗下第一节间长33.0cm，剑叶长31.0cm，剑叶宽4.9cm，剑叶长宽比为6.4，平均穗粒数93.7个，结实率71.9%，谷粒长9.5mm，谷粒宽1.9mm，谷粒长宽比为1.9，千粒重20.4g；茎集散程度为直立型，叶色为浅绿色，谷粒形状为椭圆，穗型为散开型，落粒性极低，芒长无，芒色无，芒分布无，种皮为白色，实测评估产量为477.8千克/亩。

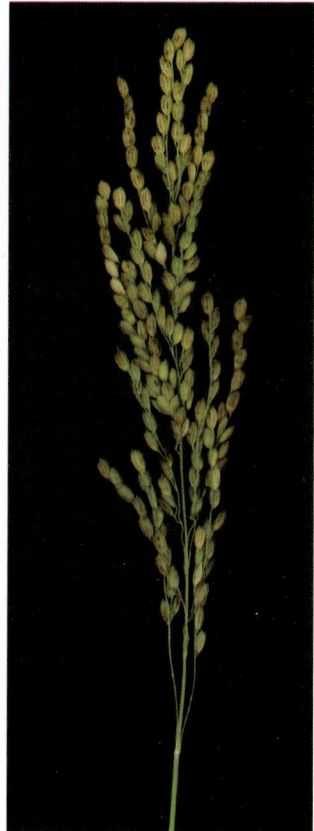

◆ **抗病性**

叶瘟R。

卫国

◆ **种质来源**

辽宁省。

◆ **形态和生物学特性**

该种质属粳亚种黏性水稻，感光性强，感温性强，基本营养生长期长。生育期150天以上，需活动积温≥3100℃。农艺性状表型精准鉴定时间为4月16日播种，5月17日插秧。该种质始穗期为8月6日，抽穗期为8月8日，齐穗期为8月9日，抽穗天数114天；株高128.6cm，穗长19.3cm，平均穗数19.8个，穗颈长8.0cm，穗下第一节间长35.3cm，剑叶长30.3cm，剑叶宽1.3cm，

剑叶长宽比为23.1，平均穗粒数59.4个，结实率109.8%，谷粒长9.4mm，谷粒宽2.1mm，谷粒长宽比为2.1，千粒重33.0g；茎集散程度为直立型，叶色为绿色，谷粒形状为椭圆，穗型为中间型，落粒性极低，芒长无，芒色无，芒分布无，种皮为白色，实测评估产量为516.0千克/亩。

◆ **抗病性**

叶瘟MS。

文安小红芒

◆ **种质来源**

河北省。

◆ **形态和生物学特性**

该种质属粳亚种黏性水稻，感光性较强，感温性较强，基本营养生长期中等偏长。生育期140天左右，需活动积温≥2700℃。农艺性状表型精准鉴定时间为4月16日播种，5月17日插秧。该种质始穗期为7月31日，抽穗期为8月2日，齐穗期为8月3日，抽穗天数108天；株高98.1cm，穗长18.9cm，平均穗数11.7个，穗颈长6.2cm，穗下第一节间长32.8cm，剑叶长20.7cm，剑叶宽1.6cm，剑叶长宽比为12.9，平均穗粒数176.2个，结实率93.9%，谷粒长6.4mm，谷粒宽3.1mm，谷粒长宽比为2.1，千粒重23.2g；茎集散程度为中间型，叶色为绿色，谷粒形状为椭圆，穗型为中间型，落粒性极低，芒长无，芒色无，芒分布无，种皮为白色，实测评估产量为544.7千克/亩。

◆ **抗病性**

叶瘟R。

无芒稻

◆ **种质来源**

新疆维吾尔自治区。

◆ **形态和生物学特性**

该种质属粳亚种黏性水稻，感光性较弱，感温性中等，基本营养生长期中等偏短。生育期130天左右，需活动积温≥2300℃。农艺性状表型精准鉴定时间为4月16日播种，5月17日插秧。该种质始穗期为7月19日，抽穗期为7月21日，齐穗期为7月23日，抽穗天数96天；株高116.0cm，穗长17.6cm，平均穗数14.0个，穗颈长8.2cm，穗下第一节间长35.8cm，剑叶长30.4cm，剑叶宽1.3cm，剑叶长宽比为23.4，平均穗粒数96.8个，结实率91.1%，谷粒长7.5mm，谷粒宽2.9mm，谷粒长宽比为2.6，千粒重26.5g；茎集散程度为直立型，叶色为绿色，谷粒形状长，穗型为中间型，落粒性极高，芒长无，芒色无，芒分布无，种皮为白色，实测评估产量为176.8千克/亩。

◆ **抗病性**

叶瘟HS。

无芒丰宁黄籽

◆ **种质来源**

　　河北省。

◆ **形态和生物学特性**

　　该种质属粳亚种黏性水稻，感光性中等，感温性中等偏弱，基本营养生长期长度中等。生育期135天左右，需活动积温≥2500℃。农艺性状表型精准鉴定时间为4月16日播种，5月17日插秧。该种质始穗期为7月25日，抽穗期为7月27日，齐穗期为7月28日，抽穗天数102天；株高121.1cm，穗长20.0cm，平均穗数13.1个，穗颈长6.2cm，穗下第一节间长36.0cm，剑叶长24.9cm，剑叶宽1.2cm，剑叶长宽比为20.8，平均穗粒数104.3个，结实率89.9%，谷粒长6.9mm，谷粒宽3.0mm，谷粒长宽比为2.3，千粒重28.3g；茎集散程度为中间型，叶色为绿色，谷粒形状长，穗型为散开型，落粒性极低，芒长无，芒色无，芒分布无，种皮为白色，实测评估产量为382.2千克/亩。

◆ **抗病性**

　　叶瘟S。

无芒京租

◆ **种质来源**

吉林省。

◆ **形态和生物学特性**

该种质属粳亚种黏性水稻，感光性中等，感温性中等偏弱，基本营养生长期长度中等。生育期135天左右，需活动积温≥2500℃。农艺性状表型精准鉴定时间为4月16日播种，5月17日插秧。该种质始穗期为7月24日，抽穗期为7月26日，齐穗期为7月27日，抽穗天数101天；株高103.6cm，穗长17.0cm，平均穗数11.2个，穗颈长6.8cm，穗下第一节间长37.0cm，剑叶长30.3cm，剑叶宽1.7cm，剑叶长宽比为17.8，平均穗粒数111.4个，结实率89.9%，谷粒长6.0mm，谷粒宽3.3mm，谷粒长宽比为1.8，千粒重29.3g；茎集散程度为中间型，叶色为绿色，谷粒形状为短圆，穗型为散开型，落粒性极低，芒长短，芒色为秆黄色，芒分布稀，种皮为白色，实测评估产量为281.9千克/亩。

◆ **抗病性**

叶瘟R。

无芒紫叶稻

◆ **种质来源**

黑龙江省。

◆ **形态和生物学特性**

该种质属粳亚种黏性水稻，感光性弱，感温性中等偏强，基本营养生长期短。生育期125天左右，需活动积温≥2100℃。农艺性状表型精准鉴定时间为4月16日播种，5月17日插秧。该种质始穗期为7月15日，抽穗期为7月17日，齐穗期为7月18日，抽穗天数92天；株高98.0cm，穗长20.8cm，平均穗数13.0个，穗颈长7.8cm，穗下第一节间长37.2cm，剑叶长27.6cm，剑叶宽1.5cm，剑叶长宽比为18.4，平均穗粒数105.8个，结实率98.0%，谷粒长6.4mm，谷粒宽2.9mm，谷粒长宽比为2.3，千粒重24.1g；茎集散程度为中间型，叶色为紫色，谷粒形状长，穗型为中间型，落粒性极低，芒长无，芒色无，芒分布无，种皮为白色，实测评估产量为477.8千克/亩。

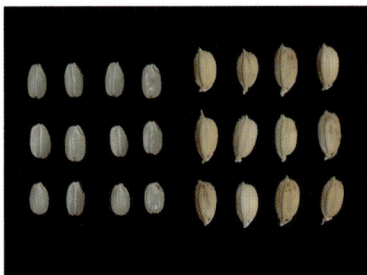

◆ **抗病性**

叶瘟MR。

无名稻

◆ **种质来源**

黑龙江省。

◆ **形态和生物学特性**

该种质属粳亚种黏性水稻，感光性弱，感温性中等偏强，基本营养生长期短。生育期125天左右，需活动积温≥2100℃。农艺性状表型精准鉴定时间为4月16日播种，5月17日插秧。该种质始穗期为7月14日，抽穗期为7月16日，齐穗期为7月17日，抽穗天数91天；株高95.5cm，穗长16.0cm，平均穗数12.6个，穗颈长8.6cm，穗下第一节间长34.7cm，剑叶长22.6cm，剑叶宽1.3cm，剑叶长宽比为17.4，平均穗粒数76.5个，结实率98.8%，谷粒长6.0mm，谷粒宽3.2mm，谷粒长宽比为1.9，千粒重26.6g；茎集散程度为直立型，叶色为绿色，谷粒形状为椭圆，穗型为中间型，落粒性极低，芒长中，芒色为黄色，芒分布中，种皮为白色，实测评估产量为420.4千克/亩。

◆ **抗病性**

叶瘟S。

无名珠

◆ **种质来源**

　　黑龙江省。

◆ **形态和生物学特性**

　　该种质属粳亚种黏性水稻，感光性弱，感温性中等偏强，基本营养生长期短。生育期125天左右，需活动积温≥2100℃。农艺性状表型精准鉴定时间为4月16日播种，5月17日插秧。该种质始穗期为7月16日，抽穗期为7月18日，齐穗期为7月20日，抽穗天数93天；株高117.1cm，穗长18.6cm，平均穗数16.6个，穗颈长9.0cm，穗下第一节间长39.5cm，剑叶长25.0cm，剑叶宽1.3cm，剑叶长宽比为19.2，平均穗粒数91.5个，结实率92.4%，谷粒长7.2mm，谷粒宽2.8mm，谷粒长宽比为2.6，千粒重26.1g；茎集散程度为中间型，叶色为浅黄色，谷粒形状长，穗型为中间型，落粒性极低，芒长特长，芒色为黄色，芒分布多，种皮为白色，实测评估产量为324.9千克/亩。

◆ **抗病性**

　　叶瘟S。

五大株

◆ **种质来源**

　　黑龙江省。

◆ **形态和生物学特性**

　　该种质属粳亚种黏性水稻，感光性弱，感温性中等偏强，基本营养生长期短。生育期125天左右，需活动积温≥2100℃。农艺性状表型精准鉴定时间为4月16日播种，5月17日插秧。该种质始穗期为7月14日，抽穗期为7月16日，齐穗期为7月18日，抽穗天数91天；株高116.2cm，穗长19.5cm，平均穗数11.3个，穗颈长13.2cm，穗下第一节间长42.2cm，剑叶长23.8cm，剑叶宽1.5cm，

剑叶长宽比为15.9，平均穗粒数130.4个，结实率99.2%，谷粒长6.5mm，谷粒宽3.1mm，谷粒长宽比为2.2，千粒重26.8g；茎集散程度为直立型，叶色为绿色，谷粒形状长，穗型为中间型，落粒性极低，芒长特长，芒色为黄色，芒分布多，种皮为白色，实测评估产量为396.6千克/亩。

◆ **抗病性**

　　叶瘟S。

五龙背3号

◆ **种质来源**

辽宁省。

◆ **形态和生物学特性**

该种质属粳亚种黏性水稻，感光性较强，感温性较强，基本营养生长期中等偏长。生育期140天左右，需活动积温≥2700℃。农艺性状表型精准鉴定时间为4月16日播种，5月17日插秧。该种质始穗期为7月30日，抽穗期为8月2日，齐穗期为8月4日，抽穗天数108天；株高124.4cm，穗长18.4cm，平均穗数9.6个，穗颈长9.5cm，穗下第一节间长39.0cm，剑叶长23.1cm，剑叶宽1.6cm，剑叶长宽比为14.4，平均穗粒数107.7个，结实率89.0%，谷粒长9.5mm，谷粒宽2.1mm，谷粒长宽比为2.1，千粒重25.6g；茎集散程度为中间型，叶色为绿色，谷粒形状为椭圆，穗型为中间型，落粒性极低，芒长中，芒色为秆黄色，芒分布稀，种皮为白色，实测评估产量为382.2千克/亩。

◆ **抗病性**

叶瘟S。

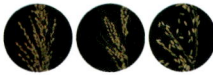

香黏稻

◆ **种质来源**

山东省。

◆ **形态和生物学特性**

该种质属粳亚种糯性水稻，感光性强，感温性强，基本营养生长期长。生育期150天以上，需活动积温≥3100℃。农艺性状表型精准鉴定时间为4月16日播种，5月17日插秧。该种质始穗期为8月9日，抽穗期为8月11日，齐穗期为8月13日，抽穗天数117天；株高156.0cm，穗长23.0cm，平均穗数18.0个，穗颈长5.4cm，穗下第一节间长36.0cm，剑叶长34.0cm，剑叶宽1.0cm，剑叶长宽比为34.0，平均穗粒数70.3个，结实率78.4%，谷粒长7.7mm，谷粒宽3.0mm，谷粒长宽比为2.6，千粒重27.2g；茎集散程度为中间型，叶色为绿色，谷粒形状长，穗型为中间型，落粒性极低，芒长中，芒色为褐色，芒分布稀，种皮为白色，实测评估产量为229.3千克/亩。

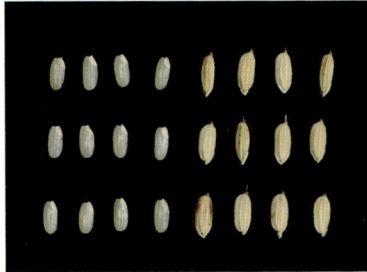

◆ **抗病性**

叶瘟R。

向阳红芒

◆ **种质来源**

吉林省。

◆ **形态和生物学特性**

该种质属粳亚种黏性水稻，感光性较弱，感温性中等，基本营养生长期中等偏短。生育期130天左右，需活动积温≥2300℃。农艺性状表型精准鉴定时间为4月16日播种，5月17日插秧。该种质始穗期为7月19日，抽穗期为7月23日，齐穗期为7月26日，抽穗天数98天；株高90.3cm，穗长18.7cm，平均穗数10.9个，穗颈长1.6cm，穗下第一节间长27.5cm，剑叶长27.8cm，剑叶宽2.1cm，剑叶长宽比为13.2，平均穗粒数141.3个，结实率81.6%，谷粒长9.0mm，谷粒宽1.8mm，谷粒长宽比为1.8，千粒重29.5g；茎集散程度为中间型，叶色为绿色，谷粒形状为短圆，穗型为中间型，落粒性极低，芒长中，芒色为褐色，芒分布少，种皮为白色，实测评估产量为372.7千克/亩。

◆ **抗病性**

叶瘟R。

小白板稻

◆ **种质来源**

宁夏回族自治区。

◆ **形态和生物学特性**

该种质属粳亚种黏性水稻，感光性强，感温性强，基本营养生长期长。生育期150天以上，需活动积温≥3100℃。农艺性状表型精准鉴定时间为4月16日播种，5月17日插秧。该种质始穗期为8月6日，抽穗期为8月8日，齐穗期为8月9日，抽穗天数114天；株高136.7cm，穗长21.6cm，平均穗数8.8个，穗颈长10.4cm，穗下第一节间长41.8cm，剑叶长31.7cm，剑叶宽1.6cm，剑叶长宽比为19.8，平均穗粒数167.7个，结实率82.9%，谷粒长7.7mm，谷粒宽3.3mm，谷粒长宽比为2.4，千粒重25.5g；茎集散程度为散开型，叶色为绿色，谷粒形状长，穗型为中间型，落粒性极低，芒长短，芒色为黄色，芒分布稀，种皮为白色，实测评估产量为253.2千克/亩。

◆ **抗病性**

叶瘟R。

小白谷

◆ **种质来源**

云南省。

◆ **形态和生物学特性**

该种质属粳亚种黏性水稻，感光性强，感温性强，基本营养生长期长。生育期150天以上，需活动积温≥3100℃。农艺性状表型精准鉴定时间为4月16日播种，5月17日插秧。该种质始穗期为8月14日，抽穗期为8月17日，齐穗期为8月20日，抽穗天数123天；株高167.9cm，穗长22.0cm，平均穗数16.6个，穗颈长0.4cm，穗下第一节间长39.1cm，剑叶长38.4cm，剑叶宽1.5cm，剑叶长宽比为25.6，平均穗粒数81.7个，结实率77.9%，谷粒长7.6mm，谷粒宽2.5mm，谷粒长宽比为3.1，千粒重23.3g；茎集散程度为直立型，叶色为浅黄色，谷粒形状细长，穗型为散开型，落粒性低，芒长短，芒色为秆黄色，芒分布稀，种皮为红色，实测评估产量为305.8千克/亩。

◆ **抗病性**

叶瘟HR。

小白粳子-桦甸白

◆ **种质来源**

吉林省。

◆ **形态和生物学特性**

该种质属粳亚种黏性水稻，感光性较弱，感温性中等，基本营养生长期中等偏短。生育期130天左右，需活动积温≥2300℃。农艺性状表型精准鉴定时间为4月16日播种，5月17日插秧。该种质始穗期为7月18日，抽穗期为7月21日，齐穗期为7月23日，抽穗天数96天；株高111.9cm，穗长21.4cm，平均穗数12.2个，穗颈长7.7cm，穗下第一节间长37.7cm，剑叶长24.1cm，剑叶宽1.5cm，剑叶长宽比为16.1，平均穗粒数92.8个，结实率84.1%，谷粒长9.9mm，谷粒宽2.3mm，谷粒长宽比为2.3，千粒重24.2g；茎集散程度为直立型，叶色为绿色，谷粒形状长，穗型为中间型，落粒性极低，芒长特长，芒色为黄色，芒分布多，种皮为白色，实测评估产量为262.8千克/亩。

◆ **抗病性**

叶瘟S。

小白芒

◆ **种质来源**

黑龙江省。

◆ **形态和生物学特性**

该种质属粳亚种黏性水稻，感光性弱，感温性中等偏强，基本营养生长期短。生育期125天左右，需活动积温≥2100℃。农艺性状表型精准鉴定时间为4月16日播种，5月17日插秧。该种质始穗期为7月13日，抽穗期为7月15日，齐穗期为7月16日，抽穗天数90天；株高87.9cm，穗长18.8cm，平均穗数15.4个，穗颈长6.2cm，穗下第一节间长33.1cm，剑叶长25.4cm，剑叶宽1.3cm，剑叶长宽比为19.5，平均穗粒数96.0个，结实率98.9%，谷粒长6.7mm，谷粒宽3.1mm，谷粒长宽比为2.2，千粒重26.5g；茎集散程度为直立型，叶色为绿色，谷粒形状长，穗型为中间型，落粒性低，芒长无，芒色无，芒分布无，种皮为白色，实测评估产量为439.6千克/亩。

◆ **抗病性**

叶瘟R。

小白皮-田泰

◆ **种质来源**

吉林省。

◆ **形态和生物学特性**

该种质属粳亚种黏性水稻，感光性中等，感温性中等偏弱，基本营养生长期长度中等。生育期135天左右，需活动积温≥2500℃。农艺性状表型精准鉴定时间为4月16日播种，5月17日插秧。该种质始穗期为7月26日，抽穗期为7月28日，齐穗期为7月30日，抽穗天数103天；株高132.9cm，穗长22.0cm，平均穗数11.5个，穗颈长9.8cm，穗下第一节间长45.4cm，剑叶长29.3cm，剑叶宽1.5cm，剑叶长宽比为19.5，平均穗粒数140.9个，结实率75.9%，谷粒长9.2mm，谷粒宽2.3mm，谷粒长宽比为2.3，千粒重22.2g；茎集散程度为中间型，叶色为绿色，谷粒形状长，穗型为中间型，落粒性极低，芒长特长，芒色为秆黄色，芒分布多，种皮为白色，实测评估产量为511.2千克/亩。

◆ **抗病性**

叶瘟S。

小白仁

◆ **种质来源**

河北省。

◆ **形态和生物学特性**

该种质属粳亚种黏性旱稻，感光性强，感温性强，基本营养生长期较长。生育期145天左右，需活动积温≥2900℃。农艺性状表型精准鉴定时间为4月16日播种，5月17日插秧。该种质始穗期为8月3日，抽穗期为8月6日，齐穗期为8月9日，抽穗天数112天；株高121.8cm，穗长20.5cm，平均穗数9.9个，穗颈长8.5cm，穗下第一节间长38.0cm，剑叶长18.8cm，剑叶宽1.6cm，剑叶长宽比为11.8，平均穗粒数110.5个，结实率89.6%，谷粒长7.3mm，谷粒宽3.4mm，谷粒长宽比为2.2，千粒重29.4g；茎集散程度为中间型，叶色为绿色，谷粒形状长，穗型为散开型，落粒性低，芒长特长，芒色为褐色，芒分布多，种皮为白色，实测评估产量为387.0千克/亩。

◆ **抗病性**

叶瘟MR。

小白屯

◆ **种质来源**

山东省。

◆ **形态和生物学特性**

该种质属粳亚种黏性水稻，感光性强，感温性强，基本营养生长期长。生育期150天以上，需活动积温≥3200℃。农艺性状表型精准鉴定时间为4月16日播种，5月17日插秧。该种质始穗期为8月23日，抽穗期为8月26日，齐穗期为8月29日，抽穗天数132天；株高152.0cm，穗长26.7cm，平均穗数11.5个，穗颈长1.0cm，穗下第一节间长35.1cm，剑叶长33.3cm，剑叶宽1.2cm，剑叶长宽比为27.8，平均穗粒数72.9个，结实率83.5%，谷粒长7.2mm，谷粒宽2.9mm，谷粒长宽比为2.5，千粒重27.0g；茎集散程度为直立型，叶色为绿色，谷粒形状长，穗型为中间型，落粒性极低，芒长长，芒色为秆黄色，芒分布中，种皮为红色，实测评估产量为200.7千克/亩。

◆ **抗病性**

叶瘟R。

小光头-青森

◆ **种质来源**

　　吉林省。

◆ **形态和生物学特性**

　　该种质属粳亚种黏性水稻，感光性较弱，感温性中等，基本营养生长期中等偏短。生育期130天左右，需活动积温≥2300℃。农艺性状表型精准鉴定时间为4月16日播种，5月17日插秧。该种质始穗期为7月18日，抽穗期为7月20日，齐穗期为7月21日，抽穗天数95天；株高103.4cm，穗长17.2cm，平均穗数12.3个，穗颈长11.9cm，穗下第一节间长38.8cm，剑叶长25.0cm，剑叶宽1.5cm，剑叶长宽比为16.7，平均穗粒数115.1个，结实率81.2%，谷粒长8.5mm，谷粒宽2.1mm，谷粒长宽比为2.1，千粒重22.3g；茎集散程度为中间型，叶色为浅绿色，谷粒形状为椭圆，穗型为中间型，落粒性极低，芒长无，芒色无，芒分布无，种皮为白色，实测评估产量为401.3千克/亩。

◆ **抗病性**

　　叶瘟MS。

小旱稻

◆ **种质来源**

山东省。

◆ **形态和生物学特性**

该种质属粳亚种黏性旱稻，感光性强，感温性强，基本营养生长期长。生育期150天以上，需活动积温≥3100℃。农艺性状表型精准鉴定时间为4月16日播种，5月17日插秧。该种质始穗期为8月10日，抽穗期为8月13日，齐穗期为8月15日，抽穗天数119天；株高118.6cm，穗长19.1cm，平均穗数11.8个，穗颈长6.4cm，穗下第一节间长34.3cm，剑叶长28.0cm，剑叶宽1.2cm，剑叶长宽比为23.3，平均穗粒数104.1个，结实率79.3%，谷粒长7.0mm，谷粒宽3.1mm，谷粒长宽比为2.3，千粒重23.2g；茎集散程度为中间型，叶色为浅绿色，谷粒形状长，穗型为中间型，落粒性极低，芒长中，芒色为秆黄色，芒分布稀，种皮为白色，实测评估产量为382.2千克/亩。

◆ **抗病性**

叶瘟R。

小红板稻

◆ **种质来源**

宁夏回族自治区。

◆ **形态和生物学特性**

该种质属粳亚种黏性水稻，感光性较弱，感温性中等，基本营养生长期中等偏短。生育期130天左右，需活动积温≥2300℃。农艺性状表型精准鉴定时间为4月16日播种，5月17日插秧。该种质始穗期为7月21日，抽穗期为7月23日，齐穗期为7月25日，抽穗天数98天；株高133.8cm，穗长20.2cm，平均穗数11.6个，穗颈长6.1cm，穗下第一节间长35.8cm，剑叶长32.6cm，剑叶宽1.5cm，剑叶长宽比为21.7，平均穗粒数84.6个，结实率91.6%，谷粒长7.6mm，谷粒宽3.2mm，谷粒长宽比为2.4，千粒重31.3g；茎集散程度为中间型，叶色为浅黄色，谷粒形状长，穗型为散开型，落粒性高，芒长特长，芒色为黄色，芒分布多，种皮为白色，实测评估产量为272.3千克/亩。

◆ **抗病性**

叶瘟S。

小红谷

◆ **种质来源**

云南省。

◆ **形态和生物学特性**

该种质属粳亚种黏性水稻，感光性强，感温性强，基本营养生长期长。生育期150天以上，需活动积温≥3100℃。农艺性状表型精准鉴定时间为4月16日播种，5月17日插秧。该种质始穗期为8月3日，抽穗期为8月8日，齐穗期为8月11日，抽穗天数114天；株高159.3cm，穗长23.7cm，平均穗数11.2个，穗颈长4.9cm，穗下第一节间长37.3cm，剑叶长36.6cm，剑叶宽1.5cm，剑叶长宽比为24.4，平均穗粒数152.2个，结实率91.5%，谷粒长6.6mm，谷粒宽2.9mm，谷粒长宽比为2.3，千粒重21.1g；茎集散程度为直立型，叶色为浅黄色，谷粒形状长，穗型为中间型，落粒性低，芒长无，芒色无，芒分布无，种皮为红色，实测评估产量为86.0千克/亩。

◆ **抗病性**

叶瘟HR。

小红毛

◆ **种质来源**

吉林省。

◆ **形态和生物学特性**

该种质属粳亚种糯性水稻，感光性较弱，感温性中等，基本营养生长期中等偏短。生育期130天左右，需活动积温≥2300℃。农艺性状表型精准鉴定时间为4月16日播种，5月17日插秧。该种质始穗期为7月20日，抽穗期为7月23日，齐穗期为7月27日，抽穗天数98天；株高111.2cm，穗长19.0cm，平均穗数14.2个，穗颈长9.7cm，穗下第一节间长37.0cm，剑叶长20.7cm，剑叶宽1.4cm，剑叶长宽比为12.9，平均穗粒数86.1个，结实率98.3%，谷粒长6.5mm，谷粒宽3.0mm，谷粒长宽比为2.2，千粒重23.6g；茎集散程度为中间型，叶色为绿色，谷粒形状长，穗型为中间型，落粒性极低，芒长特长，芒色为褐色，芒分布多，种皮为白色，实测评估产量为434.8千克/亩。

◆ **抗病性**

叶瘟S。

小琥板稻

◆ **种质来源**

宁夏回族自治区。

◆ **形态和生物学特性**

该种质属粳亚种黏性水稻，感光性较弱，感温性中等，基本营养生长期中等偏短。生育期130天左右，需活动积温≥2300℃。农艺性状表型精准鉴定时间为4月16日播种，5月17日插秧。该种质始穗期为7月21日，抽穗期为7月23日，齐穗期为7月25日，抽穗天数98天；株高138.3cm，穗长20.6cm，平均穗数11.9个，穗颈长5.7cm，穗下第一节间长36.6cm，剑叶长31.3cm，剑叶宽1.3cm，剑叶长宽比为24.1，平均穗粒数103.1个，结实率89.0%，谷粒长7.5mm，谷粒宽3.2mm，谷粒长宽比为2.4，千粒重27.9g；茎集散程度为中间型，叶色为浅黄色，谷粒形状长，穗型为中间型，落粒性高，芒长特长，芒色为褐色，芒分布多，种皮为白色，实测评估产量为219.8千克/亩。

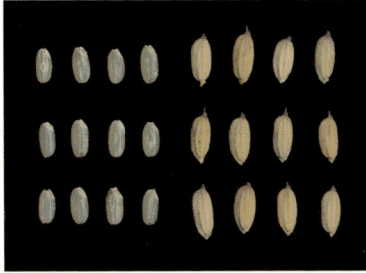

◆ **抗病性**

叶瘟S。

小花糯

◆ **种质来源**

云南省。

◆ **形态和生物学特性**

该种质属粳亚种糯性水稻，感光性较弱，感温性中等，基本营养生长期中等偏短。生育期170天左右，需活动积温≥4000℃。农艺性状表型精准鉴定时间为4月16日播种，5月17日插秧。该种质始穗期为9月10日，抽穗期为9月20日，齐穗期为9月30日，抽穗天数157天；株高

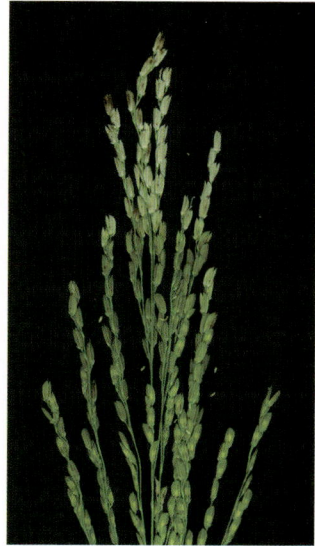

142.1cm，穗长20.6cm，平均穗数10.2个，穗颈长2.3cm，穗下第一节间长16.6cm，剑叶长31.3cm，剑叶宽1.3cm，剑叶长宽比为24.0，茎集散程度为中间型，叶色为浅黄色，谷粒形状为短圆，穗型为中间型，颖尖为红褐色，芒长无，芒色无，芒分布无，种皮为白色。

◆ **抗病性**

叶瘟S。

小黄稻

◆ **种质来源**

内蒙古自治区。

◆ **形态和生物学特性**

该种质属粳亚种黏性水稻，感光性较强，感温性较强，基本营养生长期中等偏长。生育期140天左右，需活动积温≥2700℃。农艺性状表型精准鉴定时间为4月16日播种，5月17日插秧。该种质始穗期为7月28日，抽穗期为8月2日，齐穗期为8月4日，抽穗天数108天；株高130.2cm，穗长21.5cm，平均穗数13.5个，穗颈长6.9cm，穗下第一节间长38.9cm，剑叶长36.9cm，剑叶宽1.2cm，剑叶长宽比为30.8，平均穗粒数94.6个，结实率94.4%，谷粒长7.0mm，谷粒宽3.3mm，谷粒长宽比为2.1，千粒重28.0g；茎集散程度为中间型，叶色为绿色，谷粒形状为椭圆，穗型为中间型，落粒性极高，芒长长，芒色为黄色，芒分布多，种皮为白色，实测评估产量为301.0千克/亩。

◆ **抗病性**

叶瘟S。

小黄芒

◆ **种质来源**

黑龙江省。

◆ **形态和生物学特性**

该种质属粳亚种黏性水稻，感光性弱，感温性中等偏强，基本营养生长期短。生育期125天左右，需活动积温≥2100℃。农艺性状表型精准鉴定时间为4月16日播种，5月17日插秧。该种质始穗期为7月16日，抽穗期为7月17日，齐穗期为7月18日，抽穗天数92天；株高105.1cm，穗长17.0cm，平均穗数19.5个，穗颈长5.8cm，穗下第一节间长31.6cm，剑叶长21.4cm，剑叶宽1.6cm，剑叶长宽比为13.4，平均穗粒数116.3个，结实率96.1%，谷粒长6.4mm，谷粒宽3.1mm，谷粒长宽比为2.1，千粒重26.3g；茎集散程度为中间型，叶色为绿色，谷粒形状为椭圆，穗型为中间型，落粒性极低，芒长中，芒色为秆黄色，芒分布少，种皮为白色，实测评估产量为439.6千克/亩。

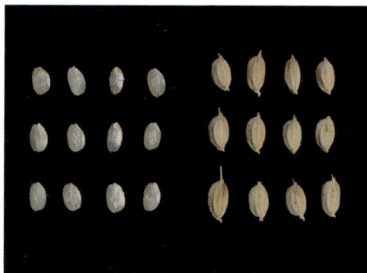

◆ **抗病性**

叶瘟S。

小金黄1

◆ **种质来源**

辽宁省。

◆ **形态和生物学特性**

该种质属粳亚种黏性水稻，感光性中等，感温性中等偏弱，基本营养生长期长度中等。生育期135天左右，需活动积温≥2500℃。农艺性状表型精准鉴定时间为4月16日播种，5月17日插秧。该种质始穗期为7月24日，抽穗期为7月27日，齐穗期为7月31日，抽穗天数102天；株高126.9cm，穗长22.4cm，平均穗数14.0个，穗颈长6.9cm，穗下第一节间长35.0cm，剑叶长30.3cm，剑叶宽1.5cm，剑叶长宽比为20.2，平均穗粒数88.1个，结实率88.2%，谷粒长9.8mm，谷粒宽2.4mm，谷粒长宽比为2.4，千粒重32.6g；茎集散程度为中间型，叶色为浅黄色，谷粒形状长，穗型为中间型，落粒性中，芒长中，芒色为黄色，芒分布少，种皮为红色，实测评估产量为348.8千克/亩。

◆ **抗病性**

叶瘟MS。

小金黄2

◆ **种质来源**

辽宁省。

◆ **形态和生物学特性**

该种质属粳亚种黏性水稻，感光性强，感温性强，基本营养生长期长。生育期150天以上，需活动积温≥3100℃。农艺性状表型精准鉴定时间为4月16日播种，5月17日插秧。该种质始穗期为8月9日，抽穗期为8月13日，齐穗期为8月15日，抽穗天数119天；株高148.9cm，穗长23.6cm，平均穗数13.6个，穗颈长6.7cm，穗下第一节间长39.1cm，剑叶长32.0cm，剑叶宽1.5cm，剑叶长宽比为21.3，平均穗粒数91.4个，结实率79.0%，谷粒长9.7mm，谷粒宽2.2mm，谷粒长宽比为2.2，千粒重20.0g；茎集散程度为直立型，叶色为绿色，谷粒形状长，穗型为中间型，落粒性极低，芒长长，芒色为黄色，芒分布多，种皮为白色，实测评估产量为272.3千克/亩。

◆ **抗病性**

叶瘟S。

小粳子

◆ **种质来源**

吉林省。

◆ **形态和生物学特性**

该种质属粳亚种黏性水稻，感光性较强，感温性较强，基本营养生长期中等偏长。生育期140天左右，需活动积温≥2700℃。农艺性状表型精准鉴定时间为4月16日播种，5月17日插秧。该种质始穗期为7月27日，抽穗期为7月29日，齐穗期为7月31日，抽穗天数104天；株高143.0cm，穗长19.5cm，平均穗数11.7个，穗颈长6.8cm，穗下第一节间长38.0cm，剑叶长17.4cm，剑叶宽1.3cm，剑叶长宽比为13.4，平均穗粒数103.2个，结实率97.7%，谷粒长6.7mm，谷粒宽3.0mm，谷粒长宽比为2.3，千粒重25.8g；茎集散程度为中间型，叶色为绿色，谷粒形状长，穗型为散开型，落粒性极低，芒长短，芒色为秆黄色，芒分布稀，种皮为白色，实测评估产量为329.7千克/亩。

◆ **抗病性**

叶瘟S。

小毛稻

◆ **种质来源**

内蒙古自治区。

◆ **形态和生物学特性**

该种质属粳亚种黏性水稻，感光性较强，感温性较强，基本营养生长期中等偏长。生育期140天左右，需活动积温≥2700℃。农艺性状表型精准鉴定时间为4月16日播种，5月17日插秧。该种质始穗期为7月31日，抽穗期为8月2日，齐穗期为8月4日，抽穗天数108天；株高133.6cm，穗长19.4cm，平均穗数15.7个，穗颈长12.9cm，穗下第一节间长41.5cm，剑叶长24.6cm，剑叶宽1.1cm，剑叶长宽比为22.4，平均穗粒数77.1个，结实率86.0%，谷粒长7.5mm，谷粒宽3.2mm，谷粒长宽比为2.3，千粒重29.2g；茎集散程度为直立型，叶色为绿色，谷粒形状长，穗型为中间型，落粒性极低，芒长中，芒色为红色，芒分布少，种皮为白色，实测评估产量为344.0千克/亩。

◆ **抗病性**

叶瘟S。

小糯稻

◆ **种质来源**

宁夏回族自治区。

◆ **形态和生物学特性**

该种质属粳亚种糯性水稻，感光性较弱，感温性中等，基本营养生长期中等偏短。生育期130天左右，需活动积温≥2300℃。农艺性状表型精准鉴定时间为4月16日播种，5月17日插秧。该种质始穗期为7月18日，抽穗期为7月20日，齐穗期为7月22日，抽穗天数95天；株高114.0cm，穗长21.1cm，平均穗数12.9个，穗颈长7.2cm，穗下第一节间长38.3cm，剑叶长31.3cm，剑叶宽1.3cm，剑叶长宽比为24.1，平均穗粒数98.1个，结实率90.8%，谷粒长8.0mm，谷粒宽3.2mm，谷粒长宽比为2.6，千粒重32.8g；茎集散程度为中间型，叶色为绿色，谷粒形状长，穗型为中间型，落粒性高，芒长无，芒色无，芒分布无，种皮为白色，实测评估产量为382.2千克/亩。

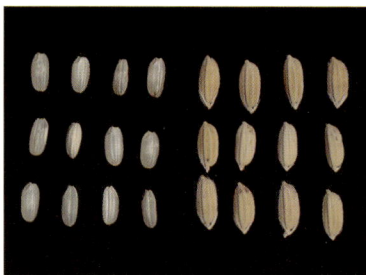

◆ **抗病性**

叶瘟HS。

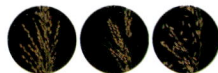

小平北

◆ **种质来源**

辽宁省。

◆ **形态和生物学特性**

该种质属粳亚种黏性水稻，感光性强，感温性强，基本营养生长期长。生育期150天以上，需活动积温≥3100℃。农艺性状表型精准鉴定时间为4月16日播种，5月17日插秧。该种质始穗期为8月6日，抽穗期为8月9日，齐穗期为8月11日，抽穗天数115天；株高126.1cm，穗长19.2cm，平均穗数19.6个，穗颈长12.5cm，穗下第一节间长40.6cm，剑叶长28.8cm，剑叶宽1.2cm，剑叶长宽比为24.0，平均穗粒数121.5个，结实率69.6%，谷粒长8.9mm，谷粒宽2.1mm，谷粒长宽比为2.1，千粒重17.9g；茎集散程度为中间型，叶色为绿色，谷粒形状为椭圆，穗型为中间型，落粒性极低，芒长无，芒色无，芒分布无，种皮为白色，实测评估产量为430.0千克/亩。

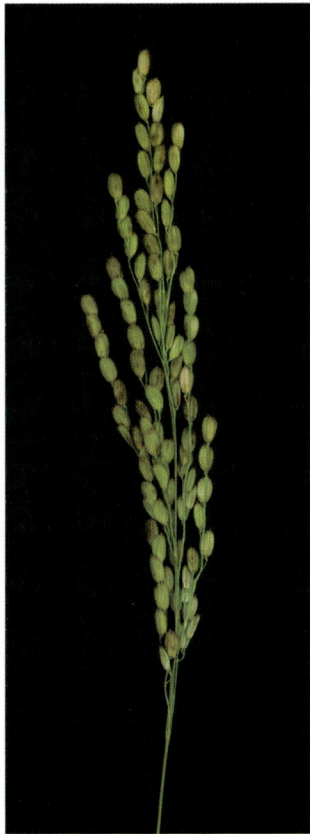

◆ **抗病性**

叶瘟MS。

小田代5号

◆ **种质来源**

黑龙江省。

◆ **形态和生物学特性**

该种质属粳亚种黏性水稻，感光性弱，感温性中等偏强，基本营养生长期短。生育期125天左右，需活动积温≥2100℃。农艺性状表型精准鉴定时间为4月16日播种，5月17日插秧。该种质始穗期为7月12日，抽穗期为7月13日，齐穗期为7月14日，抽穗天数88天；株高97.2cm，穗长20.6cm，平均穗数13.3个，穗颈长10.0cm，穗下第一节间长37.5cm，剑叶长30.0cm，剑叶宽

1.3cm，剑叶长宽比为23.1，平均穗粒数77.0个，结实率94.0%，谷粒长6.6mm，谷粒宽3.0mm，谷粒长宽比为2.3，千粒重26.8g；茎集散程度为中间型，叶色为浅绿色，谷粒形状长，穗型为中间型，落粒性极低，芒长无，芒色无，芒分布无，种皮为白色，实测评估产量为320.1千克/亩。

◆ **抗病性**

叶瘟R。

新宾1号

◆ **种质来源**

辽宁省。

◆ **形态和生物学特性**

该种质属粳亚种黏性水稻，感光性较强，感温性较强，基本营养生长期中等偏长。生育期140天左右，需活动积温≥2700℃。农艺性状表型精准鉴定时间为4月16日播种，5月17日插秧。该种质始穗期为7月27日，抽穗期为7月29日，齐穗期为7月30日，抽穗天数104天；株高121.5cm，穗长21.3cm，平均穗数11.1个，穗颈长9.7cm，穗下第一节间长43.0cm，剑叶长24.7cm，剑叶宽1.5cm，剑叶长宽比为16.5，平均穗粒数123.5个，结实率67.8%，谷粒长9.1mm，谷粒宽2.2mm，谷粒长宽比为2.2，千粒重21.7g；茎集散程度为中间型，叶色为绿色，谷粒形状长，穗型为中间型，落粒性中，芒长特长，芒色为秆黄色，芒分布中，种皮为白色，实测评估产量为430.0千克/亩。

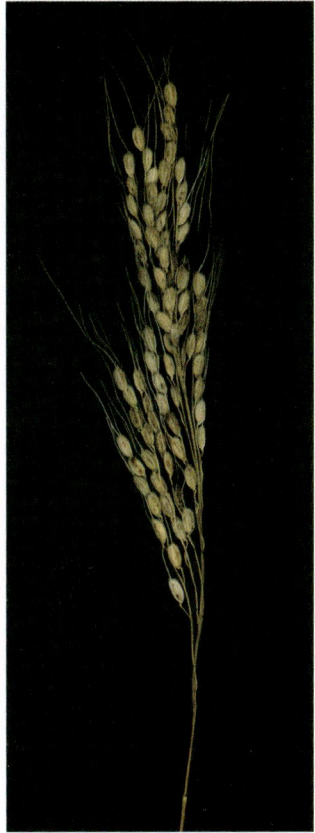

◆ **抗病性**

叶瘟S。

新疆黑芒稻

◆ **种质来源**

新疆维吾尔自治区。

◆ **形态和生物学特性**

该种质属粳亚种黏性水稻，感光性中等，感温性中等偏弱，基本营养生长期长度中等。生育期135天左右，需活动积温≥2500℃。农艺性状表型精准鉴定时间为4月16日播种，5月17日插秧。该种质始穗期为7月22日，抽穗期为7月24日，齐穗期为7月25日，抽穗天数99天；株高137.6cm，穗长17.7cm，平均穗数12.7个，穗颈长4.1cm，穗下第一节间长32.8cm，剑叶长29.1cm，剑叶宽1.4cm，剑叶长宽比为20.8，平均穗粒数116.2个，结实率80.4%，谷粒长7.8mm，谷粒宽3.1mm，谷粒长宽比为2.5，千粒重28.5g；茎集散程度为中间型，叶色为浅黄色，谷粒形状长，穗型为散开型，落粒性极高，芒长特长，芒色为黑色，芒分布多，种皮为白色，实测评估产量为248.4千克/亩。

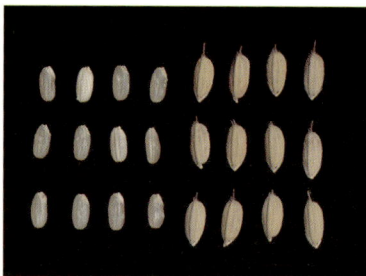

◆ **抗病性**

叶瘟HS。

新农号

◆ **种质来源**

吉林省。

◆ **形态和生物学特性**

该种质属粳亚种黏性水稻，感光性较强，感温性较强，基本营养生长期中等偏长。生育期140天左右，需活动积温≥2700℃。农艺性状表型精准鉴定时间为4月16日播种，5月17日插秧。该种质始穗期为7月30日，抽穗期为8月1日，齐穗期为8月2日，抽穗天数107天；株高121.0cm，穗长21.7cm，平均穗数13.0个，穗颈长11.6cm，穗下第一节间长40.7cm，剑叶长26.3cm，剑叶宽1.6cm，剑叶长宽比为16.4，平均穗粒数124.8个，结实率75.8%，谷粒长9.0mm，谷粒宽2.0mm，谷粒长宽比为2.0，千粒重22.7g；茎集散程度为中间型，叶色为浅绿色，谷粒形状为椭圆，穗型为中间型，落粒性极低，芒长无，芒色无，芒分布无，种皮为白色，实测评估产量为449.1千克/亩。

◆ **抗病性**

叶瘟S。

信友早生

◆ **种质来源**

辽宁省。

◆ **形态和生物学特性**

该种质属粳亚种黏性水稻，感光性较强，感温性较强，基本营养生长期中等偏长。生育期140天左右，需活动积温≥2700℃。农艺性状表型精准鉴定时间为4月16日播种，5月17日插秧。该种质始穗期为7月30日，抽穗期为8月1日，齐穗期为8月2日，抽穗天数107天；株高127.5cm，穗长21.5cm，平均穗数11.9个，穗颈长10.6cm，穗下第一节间长40.7cm，剑叶长26.3cm，剑叶宽1.7cm，剑叶长宽比为15.5，平均穗粒数117.3个，结实率62.8%，谷粒长8.4mm，谷粒宽1.9mm，谷粒长宽比为1.9，千粒重19.7g；茎集散程度为中间型，叶色为绿色，谷粒形状为椭圆，穗型为中间型，落粒性极低，芒长短，芒色为褐色，芒分布少，种皮为白色，实测评估产量为348.8千克/亩。

◆ **抗病性**

叶瘟S。

兴国

◆ **种质来源**

吉林省。

◆ **形态和生物学特性**

该种质属粳亚种黏性水稻，感光性较弱，感温性中等，基本营养生长期中等偏短。生育期130天左右，需活动积温≥2300℃。农艺性状表型精准鉴定时间为4月16日播种，5月17日插秧。该种质始穗期为7月19日，抽穗期为7月21日，齐穗期为7月23日，抽穗天数96天；株高129.8cm，穗长20.8cm，平均穗数11.9个，穗颈长4.6cm，穗下第一节间长37.3cm，剑叶长27.4cm，剑叶宽1.5cm，剑叶长宽比为18.3，平均穗粒数86.4个，结实率72.6%，谷粒长8.5mm，谷粒宽2.2mm，谷粒长宽比为2.2，千粒重27.7g；茎集散程度为中间型，叶色为绿色，谷粒形状长，穗型为中间型，落粒性极低，芒长特长，芒色为红色，芒分布多，种皮为白色，实测评估产量为401.3千克/亩。

◆ **抗病性**

叶瘟S。

兴隆黑稻子

◆ **种质来源**

河北省。

◆ **形态和生物学特性**

该种质属粳亚种黏性水稻，感光性强，感温性强，基本营养生长期长。生育期150天以上，需活动积温≥3100℃。农艺性状表型精准鉴定时间为4月16日播种，5月17日插秧。该种质始穗期为8月13日，抽穗期为8月15日，齐穗期为8月18日，抽穗天数121天；株高149.9cm，穗长26.0cm，平均穗数10.8个，穗颈长3.5cm，穗下第一节间长38.4cm，剑叶长31.1cm，剑叶宽2.8cm，剑叶长宽比为11.1，平均穗粒数103.5个，结实率78.8%，谷粒长7.4mm，谷粒宽2.9mm，谷粒长宽比为2.6，千粒重29.1g；茎集散程度为直立型，叶色为绿色，谷粒形状长，穗型为散开型，落粒性极低，芒长长，芒色为褐色，芒分布中，种皮为紫色，实测评估产量为324.9千克/亩。

◆ **抗病性**

叶瘟MR。

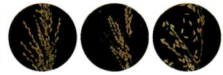

岫岩不服劲

◆ **种质来源**

辽宁省。

◆ **形态和生物学特性**

该种质属粳亚种糯性水稻，感光性较强，感温性较强，基本营养生长期中等偏长。生育期140天左右，需活动积温≥2700℃。农艺性状表型精准鉴定时间为4月16日播种，5月17日插秧。该种质始穗期为7月29日，抽穗期为7月31日，齐穗期为8月2日，抽穗天数106天；株高117.7cm，穗长19.4cm，平均穗数11.5个，穗颈长6.4cm，穗下第一节间长36.0cm，剑叶长24.0cm，剑叶宽1.4cm，剑叶长宽比为17.1，平均穗粒数136.4个，结实率88.9%，谷粒长8.8mm，谷粒宽1.9mm，谷粒长宽比为1.9，千粒重21.9g；茎集散程度为中间型，叶色为绿色，谷粒形状为椭圆，穗型为中间型，落粒性极低，芒长无，芒色无，芒分布无，种皮为白色，实测评估产量为329.7千克/亩。

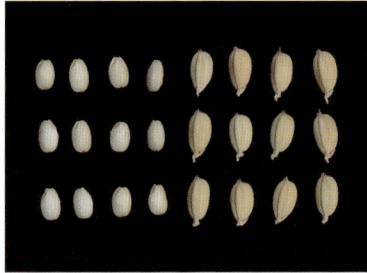

◆ **抗病性**

叶瘟R。

许及嫁木

◆ **种质来源**

辽宁省。

◆ **形态和生物学特性**

该种质属粳亚种黏性水稻，感光性强，感温性强，基本营养生长期较长。生育期145天左右，需活动积温≥2900℃。农艺性状表型精准鉴定时间为4月16日播种，5月17日插秧。该种质始穗期为8月3日，抽穗期为8月6日，齐穗期为8月8日，抽穗天数112天；株高99.5cm，穗长15.2cm，平均穗数12.0个，穗颈长6.7cm，穗下第一节间长27.3cm，剑叶长16.7cm，剑叶宽1.5cm，剑叶长宽比为11.1，平均穗粒数128.4个，结实率67.8%，谷粒长9.3mm，谷粒宽2.1mm，谷粒长宽比为2.1，千粒重18.4g；茎集散程度为中间型，叶色为绿色，谷粒形状为椭圆，穗型为散开型，落粒性极低，芒长无，芒色无，芒分布无，种皮为白色，实测评估产量为482.6千克/亩。

◆ **抗病性**

叶瘟R。

养和白皮大稻

◆ **种质来源**

宁夏回族自治区。

◆ **形态和生物学特性**

该种质属粳亚种黏性水稻，感光性较弱，感温性中等，基本营养生长期中等偏短。生育期130天左右，需活动积温≥2300℃。农艺性状表型精准鉴定时间为4月16日播种，5月17日插秧。该种质始穗期为7月18日，抽穗期为7月20日，齐穗期为7月22日，抽穗天数95天；株高118.2cm，穗长21.1cm，平均穗数14.5个，穗颈长6.3cm，穗下第一节间长38.3cm，剑叶长28.0cm，剑叶宽

1.3cm，剑叶长宽比为21.5，平均穗粒数97.6个，结实率85.3%，谷粒长7.7mm，谷粒宽3.1mm，谷粒长宽比为2.6，千粒重28.9g；茎集散程度为中间型，叶色为绿色，谷粒形状长，穗型为散开型，落粒性高，芒长无，芒色无，芒分布无，种皮为白色，实测评估产量为267.6千克/亩。

◆ **抗病性**

叶瘟S。

叶盛白皮大稻

◆ **种质来源**

宁夏回族自治区。

◆ **形态和生物学特性**

该种质属粳亚种黏性水稻，感光性较弱，感温性中等，基本营养生长期中等偏短。生育期130天左右，需活动积温≥2300℃。农艺性状表型精准鉴定时间为4月16日播种，5月17日插秧。该种质始穗期为7月17日，抽穗期为7月19日，齐穗期为7月21日，抽穗天数94天；株高106.3cm，穗长18.4cm，平均穗数15.1个，穗颈长6.1cm，穗下第一节间长34.5cm，剑叶长24.9cm，剑叶宽1.2cm，剑叶长宽比为20.8，平均穗粒数90.5个，结实率93.4%，谷粒长8.2mm，谷粒宽3.1mm，谷粒长宽比为2.7，千粒重31.1g；茎集散程度为中间型，叶色为绿色，谷粒形状长，穗型为散开型，落粒性高，芒长无，芒色为褐色，芒分布少，种皮为白色，实测评估产量为377.4千克/亩。

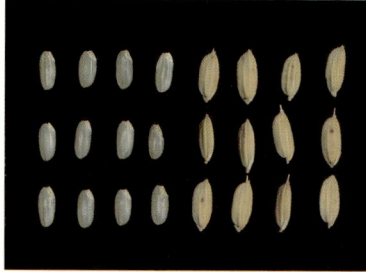

◆ **抗病性**

叶瘟S。

一把齐

◆ **种质来源**

山东省。

◆ **形态和生物学特性**

该种质属粳亚种黏性水稻，感光性强，感温性强，基本营养生长期较长。生育期145天左右，需活动积温≥2900℃。农艺性状表型精准鉴定时间为4月16日播种，5月17日插秧。该种质始穗期为8月5日，抽穗期为8月7日，齐穗期为8月9日，抽穗天数113天；株高94.9cm，穗长14.1cm，平均穗数11.2个，穗颈长7.1cm，穗下第一节间长28.2cm，剑叶长16.1cm，剑叶宽1.5cm，剑叶长宽比为10.7，平均穗粒数140.7个，结实率81.9%，谷粒长7.6mm，谷粒宽2.9mm，谷粒长宽比为2.6，千粒重23.6g；茎集散程度为中间型，叶色为浅绿色，谷粒形状长，穗型为中间型，落粒性极低，芒长中，芒色为黄色，芒分布中，种皮为白色，实测评估产量为506.4千克/亩。

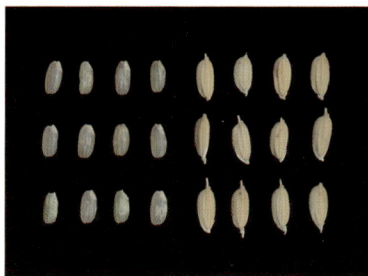

◆ **抗病性**

叶瘟R。

银坊主

◆ **种质来源**

　　吉林省。

◆ **形态和生物学特性**

　　该种质属粳亚种黏性水稻，感光性强，感温性强，基本营养生长期长。生育期150天以上，需活动积温≥3100℃。农艺性状表型精准鉴定时间为4月16日播种，5月17日插秧。该种质始穗期为8月6日，抽穗期为8月8日，齐穗期为8月9日，抽穗天数114天；株高103.3cm，穗长17.9cm，平均穗数17.1个，穗颈长7.4cm，穗下第一节间长33.8cm，剑叶长21.1cm，剑叶宽1.1cm，

剑叶长宽比为19.2，平均穗粒数108.2个，结实率76.8%，谷粒长6.7mm，谷粒宽3.2mm，谷粒长宽比为2.1，千粒重25.2g；茎集散程度为直立型，叶色为绿色，谷粒形状为椭圆，穗型为中间型，落粒性极低，芒长无，芒色无，芒分布无，种皮为白色，实测评估产量为449.1千克/亩。

◆ **抗病性**

　　叶瘟HR。

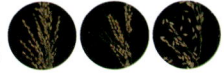

有芒大琥板稻

◆ **种质来源**

宁夏回族自治区。

◆ **形态和生物学特性**

该种质属粳亚种
黏性水稻，感光性弱，
感温性中等偏强，基
本营养生长期短。生
育期125天左右，需活
动积温≥2100℃。农艺
性状表型精准鉴定时间
为4月16日播种，5月17
日插秧。该种质始穗
期为7月15日，抽穗期
为7月17日，齐穗期为
7月19日，抽穗天数92
天；株高114.9cm，穗长
21.3cm，平均穗数14.2
个，穗颈长9.9cm，穗
下第一节间长41.0cm，
剑叶长34.0cm，剑叶宽
1.4cm，剑叶长宽比为24.3，平均穗粒数77.2个，结实率88.3%，谷粒长7.9mm，谷粒
宽2.9mm，谷粒长宽比为2.9，千粒重35.4g；茎集散程度为直立型，叶色为绿色，谷
粒形状长，穗型为中间型，落粒性高，芒长无，芒色无，芒分布无，种皮为红色，
实测评估产量为310.6千克/亩。

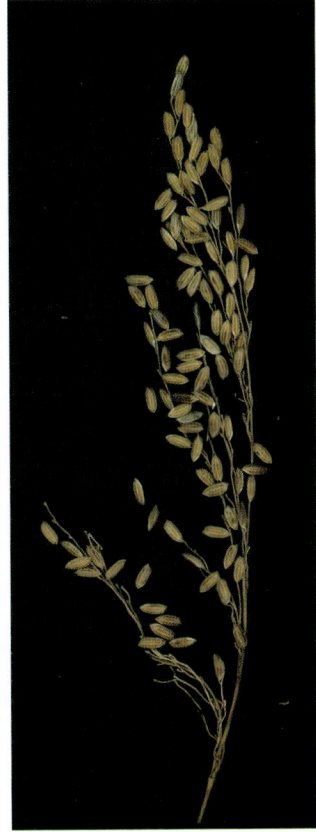

◆ **抗病性**

叶瘟MS。

有气稻

◆ **种质来源**

吉林省。

◆ **形态和生物学特性**

该种质属粳亚种黏性水稻，感光性中等，感温性中等偏弱，基本营养生长期长度中等。生育期135天左右，需活动积温≥2500℃。农艺性状表型精准鉴定时间为4月16日播种，5月17日插秧。该种质始穗期为7月23日，抽穗期为7月25日，齐穗期为7月26日，抽穗天数100天；株高96.9cm，穗长15.6cm，平均穗数14.5个，穗颈长7.4cm，穗下第一节间长30.8cm，剑叶长18.3cm，剑叶宽1.4cm，剑叶长宽比为13.1，平均穗粒数69.0个，结实率99.6%，谷粒长6.1mm，谷粒宽3.1mm，谷粒长宽比为2.0，千粒重23.0g；茎集散程度为直立型，叶色为绿色，谷粒形状为椭圆，穗型为中间型，落粒性极低，芒长无，芒色无，芒分布无，种皮为白色，实测评估产量为396.6千克/亩。

◆ **抗病性**

叶瘟MR。

玉田小红芒

◆ **种质来源**

河北省。

◆ **形态和生物学特性**

该种质属粳亚种黏性水稻，感光性较强，感温性较强，基本营养生长期中等偏长。生育期140天左右，需活动积温≥2700℃。农艺性状表型精准鉴定时间为4月16日播种，5月17日插秧。该种质始穗期为7月29日，抽穗期为7月31日，齐穗期为8月2日，抽穗天数106天；株高152.0cm，穗长20.6cm，平均穗数11.1个，穗颈长4.8cm，穗下第一节间长36.7cm，剑叶长23.3cm，剑叶宽1.3cm，剑叶长宽比为17.9，平均穗粒数65.6个，结实率82.5%，谷粒长7.3mm，谷粒宽3.0mm，谷粒长宽比为2.5，千粒重29.0g；茎集散程度为中间型，叶色为浅黄色，谷粒形状长，穗型为散开型，落粒性高，芒长长，芒色为褐色，芒分布中，种皮为白色，实测评估产量为200.7千克/亩。

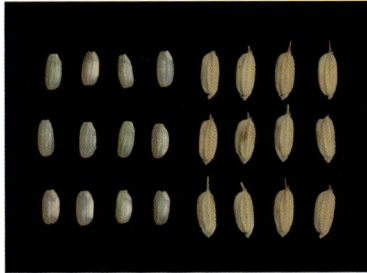

◆ **抗病性**

叶瘟MS。

元子1号

◆ **种质来源**

吉林省。

◆ **形态和生物学特性**

该种质属粳亚种黏性水稻，感光性较弱，感温性中等，基本营养生长期中等偏短。生育期130天左右，需活动积温≥2300℃。农艺性状表型精准鉴定时间为4月16日播种，5月17日插秧。该种质始穗期为7月19日，抽穗期为7月21日，齐穗期为7月23日，抽穗天数96天；株高111.2cm，穗长17.5cm，平均穗数13.3个，穗颈长9.3cm，穗下第一节间长37.3cm，剑叶长21.1cm，剑叶宽1.4cm，剑叶长宽比为15.1，平均穗粒数136.1个，结实率92.9%，谷粒长6.2mm，谷粒宽3.0mm，谷粒长宽比为2.1，千粒重22.9g；茎集散程度为中间型，叶色为绿色，谷粒形状为椭圆，穗型为中间型，落粒性极低，芒长无，芒色无，芒分布无，种皮为白色，实测评估产量为482.6千克/亩。

◆ **抗病性**

叶瘟MS。

元子2号

◆ **种质来源**

吉林省。

◆ **形态和生物学特性**

该种质属粳亚种黏性水稻，感光性较强，感温性较强，基本营养生长期中等偏长。生育期140天左右，需活动积温≥2700℃。农艺性状表型精准鉴定时间为4月16日播种，5月17日插秧。该种质始穗期为7月29日，抽穗期为7月31日，齐穗期为8月1日，抽穗天数106天；株高93.8cm，穗长17.9cm，平均穗数15.0个，穗颈长6.0cm，穗下第一节间长32.0cm，剑叶长23.6cm，剑叶宽1.3cm，剑叶长宽比为18.2，平均穗粒数102.4个，结实率92.0%，谷粒长7.1mm，谷粒宽3.1mm，谷粒长宽比为2.3，千粒重27.3g；茎集散程度为中间型，叶色为绿色，谷粒形状长，穗型为中间型，落粒性极低，芒长中，芒色为黄色，芒分布中，种皮为白色，实测评估产量为525.6千克/亩。

◆ **抗病性**

叶瘟R。

元子黏稻

◆ **种质来源**

吉林省。

◆ **形态和生物学特性**

该种质属粳亚种糯性水稻，感光性中等，感温性中等偏弱，基本营养生长期长度中等。生育期135天左右，需活动积温≥2500℃。农艺性状表型精准鉴定时间为4月16日播种，5月17日插秧。该种质始穗期为7月26日，抽穗期为7月26日，齐穗期为7月27日，抽穗天数101天；株高124.0cm，穗长20.4cm，平均穗数11.8个，穗颈长8.7cm，穗下第一节间长38.3cm，剑叶长26.5cm，剑叶宽1.4cm，剑叶长宽比为18.9，平均穗粒数130.0个，结实率48.8%，谷粒长7.2mm，谷粒宽1.8mm，谷粒长宽比为1.8，千粒重21.3g；茎集散程度为中间型，叶色为绿色，谷粒形状为短圆，穗型为中间型，落粒性极低，芒长中，芒色为黑色，芒分布中，种皮为白色，实测评估产量为339.2千克/亩。

◆ **抗病性**

叶瘟MS。

圆粒水稻

◆ **种质来源**

山东省。

◆ **形态和生物学特性**

该种质属粳亚种黏性水稻，感光性强，感温性强，基本营养生长期长。生育期150天以上，需活动积温≥3200℃。农艺性状表型精准鉴定时间为4月16日播种，5月17日插秧。该种质始穗期为8月22日，抽穗期为8月25日，齐穗期为8月28日，抽穗天数131天；株高155.8cm，穗长25.5cm，平均穗数8.9个，穗颈长2.3cm，穗下第一节间长37.5cm，剑叶长34.8cm，剑叶宽

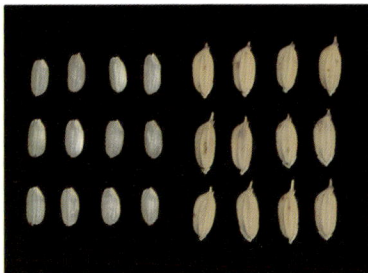

1.5cm，剑叶长宽比为23.2，平均穗粒数98.4个，结实率81.2%，谷粒长7.9mm，谷粒宽3.0mm，谷粒长宽比为2.7，千粒重27.5g；茎集散程度为中间型，叶色为浅黄色，谷粒形状长，穗型为散开型，落粒性极高，芒长长，芒色为秆黄色，芒分布中，种皮为白色，实测评估产量为61.4千克/亩。

◆ **抗病性**

叶瘟MS。

援朝

◆ **种质来源**

辽宁省。

◆ **形态和生物学特性**

该种质属粳亚种黏性水稻，感光性较强，感温性较强，基本营养生长期中等偏长。生育期140天左右，需活动积温≥2700℃。农艺性状表型精准鉴定时间为4月16日播种，5月17日插秧。该种质始穗期为7月30日，抽穗期为8月1日，齐穗期为8月3日，抽穗天数107天；株高113.0cm，穗长18.4cm，平均穗数15.3个，穗颈长11.0cm，穗下第一节间长37.9cm，剑叶长26.3cm，剑叶宽1.3cm，剑叶长宽比为20.2，平均穗粒数119.9个，结实率74.7%，谷粒长8.9mm，谷粒宽2.1mm，谷粒长宽比为2.1，千粒重19.8g；茎集散程度为中间型，叶色为绿色，谷粒形状为椭圆，穗型为中间型，落粒性极低，芒长无，芒色无，芒分布无，种皮为白色，实测评估产量为516.0千克/亩。

◆ **抗病性**

叶瘟MR。

早大红芒-津轻旭

◆ **种质来源**

吉林省。

◆ **形态和生物学特性**

该种质属粳亚种黏性水稻，感光性较弱，感温性中等，基本营养生长期中等偏短。生育期130天左右，需活动积温≥2300℃。农艺性状表型精准鉴定时间为4月16日播种，5月17日插秧。该种质始穗期为7月20日，抽穗期为7月23日，齐穗期为7月25日，抽穗天数98天；株高123.0cm，穗长17.8cm，平均穗数13.0个，穗颈长10.8cm，穗下第一节间长39.3cm，剑叶长23.6cm，剑叶宽1.4cm，

剑叶长宽比为16.9，平均穗粒数115.0个，结实率77.9%，谷粒长8.3mm，谷粒宽2.0mm，谷粒长宽比为2.0，千粒重24.7g；茎集散程度为中间型，叶色为绿色，谷粒形状为椭圆，穗型为中间型，落粒性极低，芒长长，芒色为红色，芒分布中，种皮为白色，实测评估产量为372.7千克/亩。

◆ **抗病性**

叶瘟S。

早黄毛-国主

◆ **种质来源**

吉林省。

◆ **形态和生物学特性**

该种质属粳亚种黏性水稻，感光性较强，感温性较强，基本营养生长期中等偏长。生育期140天左右，需活动积温≥2700℃。农艺性状表型精准鉴定时间为4月16日播种，5月17日插秧。该种质始穗期为7月27日，抽穗期为7月29日，齐穗期为7月31日，抽穗天数104天；株高112.6cm，穗长16.2cm，平均穗数14.8个，穗颈长12.5cm，穗下第一节间长38.0cm，剑叶长21.0cm，剑叶宽1.5cm，剑叶长宽比为14.0，平均穗粒数131.2个，结实率66.9%，谷粒长8.3mm，谷粒宽2.1mm，谷粒长宽比为2.1，千粒重16.0g；茎集散程度为中间型，叶色为绿色，谷粒形状为椭圆，穗型为中间型，落粒性极低，芒长无，芒色无，芒分布无，种皮为白色，实测评估产量为496.9千克/亩。

◆ **抗病性**

叶瘟S。

早粳

◆ **种质来源**

吉林省。

◆ **形态和生物学特性**

该种质属粳亚种黏性水稻，感光性中等，感温性中等偏弱，基本营养生长期长度中等。生育期135天左右，需活动积温≥2500℃。农艺性状表型精准鉴定时间为4月16日播种，5月17日插秧。该种质始穗期为7月26日，抽穗期为7月27日，齐穗期为7月29日，抽穗天数102天；株高120.7cm，穗长19.7cm，平均穗数9.0个，穗颈长3.1cm，穗下第一节间长31.8cm，剑叶长23.6cm，剑叶宽1.8cm，剑叶长宽比为13.1，平均穗粒数80.1个，结实率98.8%，谷粒长10.3mm，谷粒宽3.5mm，谷粒长宽比为3.1，千粒重41.7g；茎集散程度为中间型，叶色为绿色，谷粒形状为细长，穗型为中间型，落粒性极低，芒长无，芒色无，芒分布无，种皮为白色，实测评估产量为258.0千克/亩。

◆ **抗病性**

叶瘟S。

早熟虎皮黄芒稻

◆ **种质来源**

新疆维吾尔自治区。

◆ **形态和生物学特性**

该种质属粳亚种黏性水稻，感光性较弱，感温性中等，基本营养生长期中等偏短。生育期130天左右，需活动积温≥2300℃。农艺性状表型精准鉴定时间为4月16日播种，5月17日插秧。该种质始穗期为7月16日，抽穗期为7月19日，齐穗期为7月21日，抽穗天数94天；株高115.3cm，穗长19.0cm，平均穗数11.9个，穗颈长3.8cm，穗下第一节间长34.7cm，剑叶长29.9cm，剑叶宽1.4cm，剑叶长宽比为21.4，平均穗粒数132.4个，结实率80.1%，谷粒长7.7mm，谷粒宽3.4mm，谷粒长宽比为2.3，千粒重27.5g；茎集散程度为中间型，叶色为浅绿色，谷粒形状长，穗型为中间型，落粒性极高，芒长特长，芒色为黄色，芒分布多，种皮为白色，实测评估产量为143.3千克/亩。

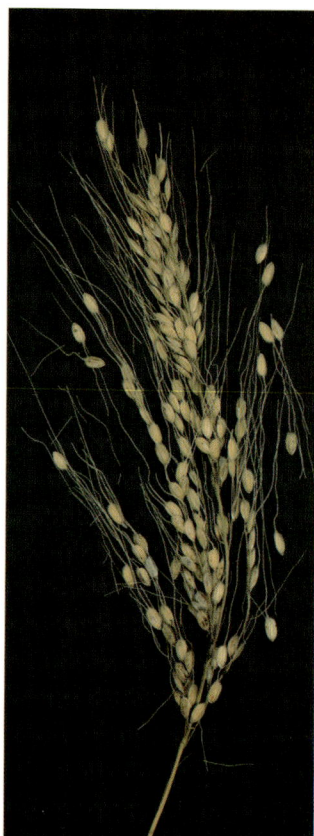

◆ **抗病性**

叶瘟HS。

早小红毛井越早生

◆ **种质来源**

吉林省。

◆ **形态和生物学特性**

该种质属粳亚种黏性水稻，感光性较弱，感温性中等，基本营养生长期中等偏短。生育期130天左右，需活动积温≥2300℃。农艺性状表型精准鉴定时间为4月16日播种，5月17日插秧。该种质始穗期为7月16日，抽穗期为7月19日，齐穗期为7月21日，抽穗天数94天；株高118.4cm，穗长19.3cm，平均穗数13.5个，穗颈长10.0cm，穗下第一节间长41.3cm，剑叶长24.1cm，剑叶宽1.5cm，剑叶长宽比为16.1，平均穗粒数93.8个，结实率100.0%，谷粒长6.5mm，谷粒宽2.9mm，谷粒长宽比为2.3，千粒重25.5g；茎集散程度为中间型，叶色为绿色，谷粒形状长，穗型为中间型，落粒性极低，芒长特长，芒色为褐色，芒分布多，种皮为白色，实测评估产量为387.0千克/亩。

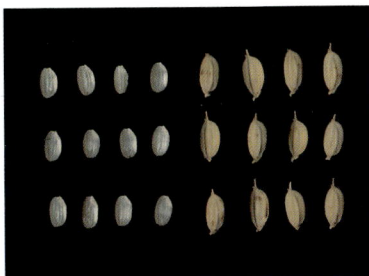

◆ **抗病性**

叶瘟S。

扎缅尼

◆ **种质来源**

云南省。

◆ **形态和生物学特性**

该种质属粳亚种黏性水稻，感光性强，感温性强，基本营养生长期长。生育期150天以上，需活动积温≥3100℃。农艺性状表型精准鉴定时间为4月16日播种，5月17日插秧。该种质始穗期为8月9日，抽穗期为8月10日，齐穗期为8月11日，抽穗天数116天；株高165.7cm，穗长28.3cm，平均穗数17.8个，穗颈长11.5cm，穗下第一节间长46.1cm，剑叶长33.2cm，剑叶宽1.6cm，

剑叶长宽比为20.8，平均穗粒数121.8个，结实率88.1%，谷粒长7.8mm，谷粒宽2.8mm，谷粒长宽比为2.8，千粒重28.0g；茎集散程度为散开型，叶色为浅黄色，谷粒形状长，穗型为中间型，落粒性中，芒长无，芒色无，芒分布无，种皮为白色，实测评估产量为458.7千克/亩。

◆ **抗病性**

叶瘟HR。

黏稻子1

◆ **种质来源**

吉林省。

◆ **形态和生物学特性**

该种质属粳亚种糯性水稻，感光性较弱，感温性中等，基本营养生长期中等偏短。生育期130天左右，需活动积温≥2300℃。农艺性状表型精准鉴定时间为4月16日播种，5月17日插秧。该种质始穗期为7月18日，抽穗期为7月20日，齐穗期为7月24日，抽穗天数95天；株高126.3cm，穗长19.6cm，平均穗数11.9个，穗颈长5.1cm，穗下第一节间长38.4cm，剑叶长26.2cm，剑叶宽1.5cm，

剑叶长宽比为17.5，平均穗粒数111.1个，结实率64.5%，谷粒长8.5mm，谷粒宽2.2mm，谷粒长宽比为2.2，千粒重25.6g；茎集散程度为中间型，叶色为绿色，谷粒形状长，穗型为中间型，落粒性低，芒长特长，芒色为褐色，芒分布多，种皮为白色，实测评估产量为406.1千克/亩。

◆ **抗病性**

叶瘟S。

黏稻子2

◆ **种质来源**

吉林省。

◆ **形态和生物学特性**

该种质属粳亚种糯性水稻，感光性较强，感温性较强，基本营养生长期中等偏长。生育期140天左右，需活动积温≥2700℃。农艺性状表型精准鉴定时间为4月16日播种，5月17日插秧。该种质始穗期为7月28日，抽穗期为7月30日，齐穗期为7月31日，抽穗天数105天；株高122.8cm，穗长18.6cm，平均穗数13.5个，穗颈长5.3cm，穗下第一节间长38.5cm，剑叶长27.4cm，剑叶宽1.3cm，

剑叶长宽比为21.1，平均穗粒数110.4个，结实率78.8%，谷粒长8.6mm，谷粒宽2.0mm，谷粒长宽比为2.0，千粒重19.5g；茎集散程度为中间型，叶色为浅黄色，谷粒形状为椭圆，穗型为中间型，落粒性极低，芒长中，芒色为黄色，芒分布稀，种皮为白色，实测评估产量为482.6千克/亩。

◆ **抗病性**

叶瘟S。

黏旱稻

◆ **种质来源**

山东省。

◆ **形态和生物学特性**

该种质属粳亚种糯性旱稻，感光性强，感温性强，基本营养生长期较长。生育期145天左右，需活动积温≥2900℃。农艺性状表型精准鉴定时间为4月16日播种，5月17日插秧。该种质始穗期为8月3日，抽穗期为8月6日，齐穗期为8月8日，抽穗天数112天；株高147.6cm，穗长20.1cm，平均穗数13.9个，穗颈长8.8cm，穗下第一节间长37.0cm，剑叶长22.8cm，剑叶宽1.4cm，剑叶长宽比为16.3，平均穗粒数76.4个，结实率84.6%，谷粒长8.8mm，谷粒宽3.5mm，谷粒长宽比为2.5，千粒重41.2g；茎集散程度为中间型，叶色为绿色，谷粒形状长，穗型为中间型，落粒性极低，芒长短，芒色为褐色，芒分布稀，种皮为红色，实测评估产量为291.4千克/亩。

◆ **抗病性**

叶瘟MS。

黏陆稻

◆ **种质来源**

辽宁省。

◆ **形态和生物学特性**

该种质属粳亚种糯性旱稻，感光性强，感温性强，基本营养生长期长。生育期150天以上，需活动积温≥3100℃。农艺性状表型精准鉴定时间为4月16日播种，5月17日插秧。该种质始穗期为8月7日，抽穗期为8月10日，齐穗期为8月13日，抽穗天数116天；株高165.4cm，穗长26.0cm，平均穗数11.4个，穗颈长6.5cm，穗下第一节间长41.3cm，剑叶长32.6cm，剑叶宽1.5cm，剑叶长宽比为21.7，平均穗粒数103.5个，结实率74.0%，谷粒长10.4mm，谷粒宽2.4mm，谷粒长宽比为2.4，千粒重27.6g；茎集散程度为直立型，叶色为绿色，谷粒形状长，穗型为中间型，落粒性低，芒长中，芒色为秆黄色，芒分布稀，种皮为红色，实测评估产量为320.1千克/亩。

◆ **抗病性**

叶瘟S。

长春无芒

◆ **种质来源**

吉林省。

◆ **形态和生物学特性**

该种质属粳亚种黏性水稻，感光性中等，感温性中等偏弱，基本营养生长期长度中等。生育期135天左右，需活动积温≥2500℃。农艺性状表型精准鉴定时间为4月16日播种，5月17日插秧。该种质始穗期为7月24日，抽穗期为7月26日，齐穗期为7月27日，抽穗天数101天；株高115.4cm，穗长20.3cm，平均穗数12.3个，穗颈长8.0cm，穗下第一节间长36.5cm，剑叶长24.0cm，剑叶宽1.5cm，剑叶长宽比为16.0，平均穗粒数92.7个，结实率87.6%，谷粒长10.0mm，谷粒宽2.6mm，谷粒长宽比为2.6，千粒重26.3g；茎集散程度为中间型，叶色为绿色，谷粒形状长，穗型为中间型，落粒性低，芒长无，芒色为白色，芒分布无，种皮为白色，实测评估产量为262.8千克/亩。

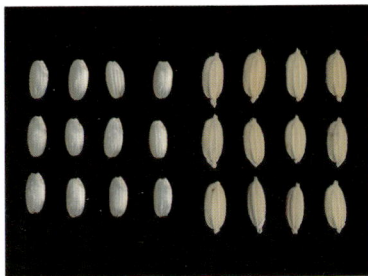

◆ **抗病性**

叶瘟S。

猪毛稻

◆ **种质来源**

　　黑龙江省。

◆ **形态和生物学特性**

　　该种质属粳亚种黏性水稻，感光性较弱，感温性中等，基本营养生长期中等偏短。生育期130天左右，需活动积温≥2300℃。农艺性状表型精准鉴定时间为4月16日播种，5月17日插秧。该种质始穗期为7月18日，抽穗期为7月20日，齐穗期为7月22日，抽穗天数95天；株高117.0cm，穗长23.7cm，平均穗数10.8个，穗颈长5.9cm，穗下第一节间长40.2cm，剑叶长35.3cm，剑叶宽1.7cm，剑叶长宽比为20.8，平均穗粒数40.0个，结实率99.5%，谷粒长5.2mm，谷粒宽2.5mm，谷粒长宽比为2.1，千粒重58.6g；茎集散程度为中间型，叶色为浅黄色，谷粒形状为椭圆，穗型为中间型，落粒性极低，芒长特长，芒色为褐色，芒分布多，种皮为白色，实测评估产量为267.6千克/亩。

◆ **抗病性**

　　叶瘟R。

紫秆

◆ **种质来源**

辽宁省。

◆ **形态和生物学特性**

该种质属粳亚种黏性水稻，感光性较弱，感温性中等，基本营养生长期中等偏短。生育期130天左右，需活动积温≥2300℃。农艺性状表型精准鉴定时间为4月16日播种，5月17日插秧。该种质始穗期为7月18日，抽穗期为7月20日，齐穗期为7月22日，抽穗天数95天；株高104.9cm，穗长17.2cm，平均穗数11.4个，穗颈长9.7cm，穗下第一节间长35.1cm，剑叶长28.0cm，剑叶宽1.4cm，剑叶长宽比为20.0，平均穗粒数111.5个，结实率83.2%，谷粒长9.7mm，谷粒宽2.2mm，谷粒长宽比为2.2，千粒重26.8g；茎集散程度为中间型，叶色为绿色，谷粒形状长，穗型为中间型，落粒性中，芒长无，芒色无，芒分布无，种皮为白色，实测评估产量为516.0千克/亩。

◆ **抗病性**

叶瘟S。

紫芒稻

◆ **种质来源**

新疆维吾尔自治区。

◆ **形态和生物学特性**

该种质属粳亚种黏性水稻，感光性较弱，感温性中等，基本营养生长期中等偏短。生育期130天左右，需活动积温≥2300℃。农艺性状表型精准鉴定时间为4月16日播种，5月17日插秧。该种质始穗期为7月19日，抽穗期为7月21日，齐穗期为7月23日，抽穗天数96天；株高118.0cm，穗长17.6cm，平均穗数12.8个，穗颈长7.7cm，穗下第一节间长35.5cm，剑叶长24.2cm，剑叶宽1.5cm，剑叶长宽比为16.1，平均穗粒数84.9个，结实率85.9%，谷粒长7.5mm，谷粒宽3.3mm，谷粒长宽比为2.3，千粒重28.1g；茎集散程度为中间型，叶色为绿色，谷粒形状长，穗型为中间型，落粒性中，芒长特长，芒色为褐色，芒分布多，种皮为白色，实测评估产量为181.6千克/亩。

◆ **抗病性**

叶瘟S。

紫皮水旱稻

◆ **种质来源**

山东省。

◆ **形态和生物学特性**

该种质属粳亚种黏性旱稻，感光性强，感温性强，基本营养生长期长。生育期150天以上，需活动积温≥3100℃。农艺性状表型精准鉴定时间为4月16日播种，5月17日插秧。该种质始穗期为8月13日，抽穗期为8月16日，齐穗期为8月18日，抽穗天数122天；株高115.5cm，穗长20.6cm，平均穗数8.4个，穗颈长0.2cm，穗下第一节间长30.9cm，剑叶长27.2cm，剑叶宽1.3cm，剑叶长宽比为20.9，平均穗粒数130.7个，结实率99.5%，谷粒长6.3mm，谷粒宽3.1mm，谷粒长宽比为2.1，千粒重26.9g；茎集散程度为直立型，叶色为浅绿色，谷粒形状为椭圆，穗型为中间型，落粒性极低，芒长长，芒色为黑色，芒分布多，种皮为白色，实测评估产量为296.2千克/亩。

◆ **抗病性**

叶瘟S。

棕芒稻

◆ **种质来源**

新疆维吾尔自治区。

◆ **形态和生物学特性**

该种质属粳亚种黏性水稻，感光性较强，感温性较强，基本营养生长期中等偏长。生育期140天左右，需活动积温≥2700℃。农艺性状表型精准鉴定时间为4月16日播种，5月17日插秧。该种质始穗期为7月27日，抽穗期为7月30日，齐穗期为8月1日，抽穗天数105天；株高117.7cm，穗长17.5cm，平均穗数13.5个，穗颈长7.0cm，穗下第一节间长34.8cm，剑叶长29.4cm，剑叶宽1.4cm，剑叶长宽比为21.0，平均穗粒数132.3个，结实率73.2%，谷粒长6.4mm，谷粒宽3.2mm，谷粒长宽比为2.0，千粒重21.7g；茎集散程度为中间型，叶色为绿色，谷粒形状为椭圆，穗型为中间型，落粒性高，芒长特长，芒色为秆黄色，芒分布多，种皮为褐色，实测评估产量为71.7千克/亩。

◆ **抗病性**

叶瘟HS。

遵化蚊子嘴

◆ **种质来源**

河北省。

◆ **形态和生物学特性**

该种质属粳亚种黏性水稻，感光性强，感温性强，基本营养生长期长。生育期150天以上，需活动积温≥3100℃。农艺性状表型精准鉴定时间为4月16日播种，5月17日插秧。该种质始穗期为8月12日，抽穗期为8月15日，齐穗期为8月17日，抽穗天数121天；株高153.0cm，穗长24.8cm，平均穗数13.6个，穗颈长7.1cm，穗下第一节间长39.3cm，剑叶长28.1cm，剑叶宽1.2cm，剑叶长宽比为23.4，平均穗粒数70.7个，结实率73.0%，谷粒长8.3mm，谷粒宽3.0mm，谷粒长宽比为2.9，千粒重31.8g；茎集散程度为中间型，叶色为浅黄色，谷粒形状长，穗型为中间型，落粒性极低，芒长无，芒色无，芒分布无，种皮为白色，实测评估产量为172.0千克/亩。

◆ **抗病性**

叶瘟MR。